高等学校规划教材丨畜牧兽医类

动物遗传育种学实验教程

主编●王玲 罗宗刚

副主编●李亮 向钊 蒋立

DONGWU YICHUAN YUZHONGXUE SHIYAN JIAOCHENG

西南师范大学出版社
国家一级出版社 全国百佳图书出版单位

图书在版编目(CIP)数据

动物遗传育种学实验教程 / 王玲，罗宗刚主编. —
重庆 : 西南师范大学出版社, 2015.5
ISBN 978-7-5621-7357-1

Ⅰ.①动… Ⅱ.①王… ②罗… Ⅲ.①动物—遗传育种—实验—教材 Ⅳ.①Q953-33

中国版本图书馆CIP数据核字(2015)第050973号

动物遗传育种学实验教程
DONGWU YICHUAN YUZHONGXUE SHIYAN JIAOCHENG

主　编 王　玲　罗宗刚
副主编 李　亮　向　钊　蒋　立

责任编辑：杜珍辉　刘　凯
特约编辑：杨炜蓉
封面设计：猪八戒·魏显锋　熊艳红
出版发行：西南师范大学出版社
地址：重庆市北碚区天生路1号
邮编：400715
市场营销部电话：023-68868624
http://www.xscbs.com
经　　销：新华书店
印　　刷：重庆川外印务有限公司
开　　本：787mm×1092mm　1/16
印　　张：8.5
字　　数：190千字
版　　次：2015年10月　第1版
印　　次：2015年10月　第1次印刷

书　　号：ISBN 978-7-5621-7357-1
定　　价：20.00元

高等学校规划教材·畜牧兽医类

编委会/ BIAN WEI HUI

前　言

动物遗传育种学是高等农业院校动物科学专业的一门重要专业基础课，实验课程是动物遗传育种学的重要组成部分，是学生掌握动物遗传育种基本原理、基本方法和基本技能的重要环节，也是培养和提高学生实践动手能力、创新能力和独立科研能力的重要途径。本实验教材是在总结编者多年教学实践经验的基础上，广泛吸取其他院校动物遗传学和家畜育种学实验教学的宝贵经验，并参阅有关文献资料编写而成。

根据动物遗传育种学的教学内容和要求，本教材主要分成两部分：第一部分动物遗传学实验，包括了十九个实验，涵盖了经典遗传学、细胞遗传学、分子遗传学、数量遗传学与群体遗传学领域；第二部分家畜育种学实验，包括了十八个实验，既有验证性实验，也有设计性实验和综合性实验，各学校可根据教学内容和实验条件的实际情况选择完成书中的实验项目。由于实验课程中主要以鹌鹑作为实验材料，因此，在附录中列出了鹌鹑的饲养管理技术，以方便读者对该方面知识的了解与掌握。

由于时间仓促，加之编者水平有限，书中错误和疏漏之处在所难免，恳请专家、读者批评指正。

编　者

2014年11月

目　录

第一部分　动物遗传学实验

第二部分　家畜育种学实验

第一部分 动物遗传学实验

第一章 经典遗传学实验

实验一 果蝇的饲养及性状观察

一、实验目的

(1)了解果蝇的生活史及其各个阶段的形态特征。

(2)掌握果蝇的性别鉴定方法。

(3)掌握果蝇的饲养管理方法和技术。

(4)加深理解果蝇作为模式生物对于遗传学研究的意义。

二、实验原理

1. 基本知识

果蝇为昆虫纲、双翅目、果蝇属,属完全变态昆虫,常见于果园和水果摊上熟透和腐烂的水果上,与家蝇是不同的种。果蝇是遗传学研究的好材料,通常作为遗传学实验材料的是黑腹果蝇(*Drosophila melanogaster*, $2n=2x=8$)。果蝇作为遗传学实验材料有许多优点:培养简便,生活周期短,繁殖率高;染色体数目少,突变性状多(达400个以上),且多数为形态突变,便于通过性状遗传杂交实验及杂交后代的观察和分类统计来验证遗传学的基本规律;唾液腺染色体制作容易,横纹清晰,适宜进行细胞学观察和研究。

美国《科学》杂志2000年3月24日报道:果蝇基因组的测序工作已经结束,并确定了果蝇细胞中包含约13 600个基因。在对果蝇与人类基因的比较中发现,三分之二引发人类疾病的基因(包括与脑疾病、神经分化以及癌症有关的基因)在果蝇基因组中存在着相似基因。

2. 果蝇的生活史及其形态变化

果蝇生活史包括卵、幼虫、蛹和成虫四个连续的发育阶段,属完全变态发育。羽化后的雌蝇一般在12 h后才有交配能力,2 d后开始产卵,卵白色,长椭圆形,长约0.5 mm,背面前端有两条触丝,便于附着在食物或瓶壁上。幼虫从卵中孵出后,经两次蜕皮而发育成三龄幼虫,长4~5 mm,肉眼观察可见一端稍尖且有一黑点(口器)的为头部,稍后有一对半透明的唾液腺,每条唾液腺前有一唾液管向前延伸,然后汇合成一条导管通向消化道,消化道前端的上方有一神经节,通过体壁可见一对生殖腺位于身体后半部的上方两侧,精巢较大,外观为

一个明显的斑点，卵巢较小。三龄幼虫从培养基中爬出附在瓶壁上化蛹，蛹呈梭形，起初颜色淡黄、柔软，以后逐渐硬化变为深褐色，这表明蛹将要羽化了。蛹羽化为成虫，刚从蛹壳里羽化而出的成虫虫体较长，翅未展开，体表也未完全几丁质化，呈乳白色半透明状，虫体体色逐渐加深，虫体变粗短而呈椭圆形，双翅伸展。

果蝇一个生活周期所需时间因饲养温度和营养条件而异，生活周期的长短与温度的关系如表1.1所示。营养条件适宜，果蝇在20 ℃～25 ℃条件下生活力较高，从卵到成虫约10 d，在25 ℃时成虫约存活15 d。温度过高或过低都会使其生活力降低、不育甚至死亡。一对雌雄果蝇能产生几百个后代。果蝇一般培养在恒温箱内，盛夏时要注意降温。

表1.1　果蝇生活周期与温度的关系

生活周期＼温度	10℃	15℃	20℃	25℃
卵→幼虫	57 d	20 d	8 d	5 d
幼虫→成虫			7 d	4 d

三、实验仪器与材料

1. 实验材料

收集的野生型果蝇，培养的突变型果蝇：白眼(w)、残翅(vg)、黑檀体(e)。

2. 实验器具

解剖镜、放大镜、镊子、麻醉瓶、白瓷板或白纸板、生化培养箱、毛笔及常用工具。

3. 实验药品

乙醚、丙酸、琼脂、蔗糖、香蕉等。

四、实验方法

(一)自然界果蝇的收集

用果皮吸引法收集果蝇。

(二)果蝇的性状观察

1. 果蝇成虫的性别鉴别

果蝇性别在幼虫期较难区别，成虫期区别明显，用肉眼或放大镜均可鉴别，性梳是鉴别雌雄果蝇的最可靠指标，雌雄果蝇成虫的主要区别见表1.2。

表1.2　果蝇成虫雌雄个体的主要特征

形态特征	雌　蝇(♀)	雄　蝇(♂)
体　形	较大	较小
腹部末端	稍尖，无黑斑	钝圆，有黑斑
背部条纹	7条(可见5条)	5条(可见3条，最后一条宽且延伸至腹面，呈明显黑斑)
腹片数	6片	4片
性梳	无	有，位于前肢跗节上
外生殖器	外观简单，低倍镜下明显看到阴道板和肛上板	外观复杂，低倍镜下明显看到生殖弧、肛上板及阴茎(刚孵出的幼蝇更清楚)

2. 果蝇常见的性状突变及实验中常用的一些突变类型

成虫的形态特征：野生型果蝇为红眼、灰身、长翅、直刚毛。突变型果蝇与野生型果蝇有

明显区别。常用于杂交实验的突变性状有白眼、乌身(又叫黑檀体,其新生蝇略浅)、黑体(体色比黑檀体深)、黄体(体色黄,细毛与鬃毛为棕色并有黄色尖端,翅毛及脉为黄色)、残翅(翅显著退化,部分残存,不能飞)、小翅(翅比野生型短小,只比腹部略长)、焦刚毛(刚毛卷曲如烧焦状)等(见表1.3)。

表1.3　果蝇中常见的一些突变类型

突变类型	基因符号	表型	基因定位
野生型	+	红眼、长翅、灰身、直刚毛	
白眼	w	复眼白色	$X^{1.5}$
棒眼	B	复眼棒状、小眼数少	$X^{57.0}$
残翅	vg	翅退化、不能飞	$ⅡR^{67.0}$
小翅	m	翅小,比腹部略长	$X^{36.1}$
焦刚毛	sn	刚毛卷曲	$X^{21.0}$
黑檀体	e	体乌木色、黑亮	$ⅢR^{70.7}$
黄体	y	体呈浅黄色	$X^{0.0}$

3. 果蝇的麻醉处理

在果蝇的性状观察、性别鉴定以及杂交亲本接种等操作中,应先将果蝇麻醉,使其保持安静状态。麻醉方法如下:

(1)准备一只与培养瓶口径相同的空瓶作为麻醉瓶,并配以脱脂棉塞。

(2)去掉培养瓶棉塞,立即与麻醉瓶口相对,培养瓶在上,一手稳住两瓶,另一手轻轻震拍培养瓶,使果蝇落入麻醉瓶中。

(3)滴数滴乙醚于麻醉瓶棉塞内,迅速将两瓶塞住,约30 s,麻醉瓶内的果蝇即处于麻醉状态。

注意:不能麻醉过度。若蝇翅呈45°角翘起,表明麻醉过度,不能复苏而死亡。

将麻醉后的果蝇放在白瓷板或白纸板上,用毛笔刷移动检查,根据需要用肉眼、放大镜或解剖镜观察。不再使用的果蝇务必倒入死蝇盛留器中及时处死,防止品系间混杂。

注意:乙醚是神经麻醉剂,果蝇的麻醉操作应在有通风装置的实验室中进行。

(三)果蝇的饲养

1. 培养基的配制

果蝇以酵母菌为食,常采用发酵培养基繁殖的酵母菌来饲养果蝇。培养基常用玉米粉、米粉或香蕉配制,其配方见表1.4。

表1.4　果蝇培养基的几种配方

成分	玉米粉培养基	米粉培养基	香蕉培养基
水(mL)	150	100	50
琼脂(g)	1.5	2	1.6
蔗糖(g)	13	10	—
香蕉浆(g)	—	—	50
玉米粉(g)	17	—	—
米粉(g)	—	16	—
酵母粉(g)	1.4	1.4	1.4
丙酸(mL)	1	1	0.5～1

香蕉培养基的配制：将熟透的香蕉捣碎，制成香蕉浆（约50 g），把1.6 g琼脂加到50 mL水中煮沸，再拌入香蕉浆，煮沸，待稍冷后加入酵母粉1.4 g、丙酸0.5～1 mL，充分调匀后分装于培养瓶中。

注意：分装前将饲养瓶、棉塞、吸水纸及其他用具和器皿高压蒸汽灭菌（121 ℃，15 min）。分装时若瓶口较小，用大漏斗将培养基倒入，勿使培养基粘附在瓶壁上。若无干酵母粉，可于饲料分装后滴几滴酵母液于培养基表面，待培养基冷却后，用酒精棉球或吸水纸将瓶壁上的水汽擦净，塞上棉塞。

2. 原种培养

不同品种的果蝇应分别繁育。原种培养应先查亲本纯度，再将轻度麻醉的果蝇用毛笔刷刷入倾斜的新培养瓶瓶壁上，待其苏醒后再将培养瓶直立，以免果蝇粘附在培养基上不能动弹而死亡。原种置于25 ℃恒温箱中培养，因培养基中酵母发酵产热，温度稍有上升，恒温箱温度可稍低于25 ℃。每2～4周换一次培养基，同时检查原种是否混杂。培养瓶上一定要贴标签，标明性状及移入日期。

（四）果蝇的生活史及其形态观察

对于收集到的野生果蝇，进行简单的灭菌处理后饲养，并在饲养过程中进行生活史及其形态的观察。

五、作业与思考

1. 果蝇的生活史分为几个阶段？对你所观察到的果蝇的形态及生活史进行描述分析。
2. 果蝇与家蝇有哪些区别？能否用家蝇作为遗传学实验材料？

实验二　果蝇的单因子杂交实验

一、实验目的

(1)学习果蝇的测交方法。

(2)学习并掌握果蝇杂交技术和杂交结果的统计处理方法。

(3)验证遗传的基本定律——孟德尔分离定律,加深对此定律的理解。

二、实验原理

单因子杂交是指一对等位基因间的杂交。根据孟德尔的颗粒遗传学理论,基因是一个独立的结构与功能单位,一对杂合状态的等位基因(如A-a),在遗传上保持相对的独立性,在减数分裂形成配子时,等位基因A与a随同源染色体的分离而分配到不同的配子中。理论上配子(含有基因A)与配子(含有基因a)的分离比是1∶1,因此杂合体自交的后代基因型分离比AA∶Aa∶aa为1∶2∶1,如果等位基因A对a是完全显性,则F_2的表型分离比为3∶1,如图2.1。

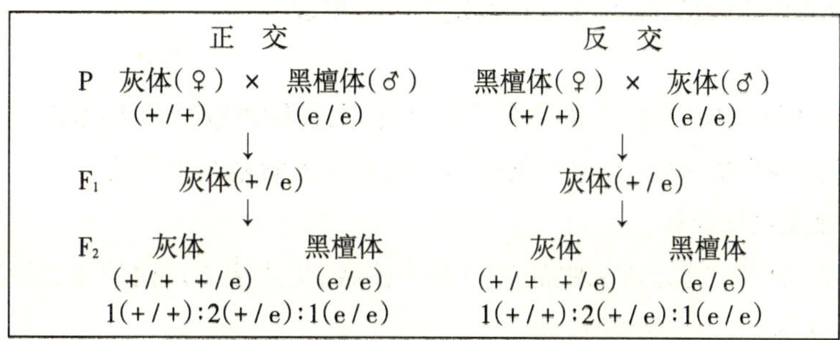

图2.1　果蝇单因子杂交——分离定律示意图

三、实验仪器与材料

1. 实验材料

黑腹果蝇:野生型灰体果蝇(+/+)、突变型黑檀体果蝇(e/e)。其中,果蝇的灰体基因对黑檀体基因是完全显性。

2. 实验器具

显微镜、放大镜、镊子、麻醉瓶、白瓷板、恒温培养箱、培养瓶、毛笔、滤纸、标签、培养皿等器具。

3. 实验药品

乙醚、75%乙醇、玉米粉、琼脂、白砂糖、酵母粉、丙酸等。

四、实验方法

1. 选择处女蝇

放出并杀死培养瓶中的全部成蝇,收集羽化后未超过8小时的果蝇,雌、雄分开培养,此时的雌蝇即为处女蝇,可提前2~3 d收集。

2. 杂交

一组做正交、一组做反交，正反交各1瓶。麻醉、选取果蝇，每瓶放5对，确保杂交瓶中每只果蝇完全苏醒，没有死蝇。贴好标签，于25 ℃恒温箱中培养。

3. 移走亲本

7 d后，待F_1幼虫出现后即可移出亲本。

4. 观察F_1

再过4～5 d，F_1成蝇出现，连续观察2～3 d，或集中观察记录F_1表型，主要是体色的形态观察。

5. F_1互交与测交

选取正交、反交各5对F_1果蝇，分别转入一新培养瓶中，进行兄妹交配繁殖（此时不需处女蝇），贴好标签，于25 ℃恒温培养箱中培养；另再选F_1代的处女蝇与突变性亲本的雄蝇（黑檀体）各3～5只，移入另一个新培养瓶中，进行测交实验。

6. 移去亲本

7 d后，待F_2幼虫出现后即可移出并处死F_1亲本果蝇。

7. 观察F_2

再过5 d，F_2成蝇出现，观察F_2的体色后将其处死，连续观察统计7～8 d。

注意：统计过的果蝇一定要处死，处死的方法是放入酒精瓶中淹死。

8. 数据处理及统计分析

（1）观察并统计正、反交F_1果蝇的表型及个体数，填入表2.1，比较正、反交结果，分析基因间的显、隐性关系。

表2.1　杂交F_1果蝇的表型统计

观察结果 / 统计日期	灰体（♀）×黑檀体（♂）		黑檀体（♀）×灰体（♂）	
	灰体	黑檀体	灰体	黑檀体

（2）观察并统计正、反交F_2果蝇的表型及个体数，填入表2.2，计算不同表型个体数的比例，比较正、反交实验结果。

表2.2　杂交F_2果蝇的表型统计

观察结果 / 统计日期	灰体（♀）×黑檀体（♂）		黑檀体（♀）×灰体（♂）	
	灰体	黑檀体	灰体	黑檀体

（3）根据实验结果，对该实验F_2的统计结果做χ^2检验，填入表2.3。

表2.3　对F_2果蝇的统计结果做χ^2检验

	野生型（正、反交合并）	突变型（正、反交合并）	总计
实际观察数(O)			
预期数(E)			
偏差($O-E$)			
$(O-E)^2/E$			

自由度$=n-1$，$\chi^2=(O-E)^2/E$

计算期望值，查χ^2表，结果进行差异显著水平检验，确定假说的有效性。

五、作业与思考

1. 对实验现象及结果进行描述分析。

2. 为了保证实验结果的准确性，在统计F_2黑檀体果蝇数据时应该注意哪些方面的问题？

3. 杂交实验中为什么亲本雌蝇要选用处女蝇？怎样才能保证所选雌蝇为处女蝇？在进行杂交和F_1雌雄交配一段时间后为什么要移走杂交亲本？

实验三　果蝇的双因子杂交实验

一、实验目的

(1)了解果蝇双因子杂交实验的原理和方法。

(2)验证并加深理解两对非等位基因间的自由组合现象和遗传规律。

二、实验原理

果蝇的灰体(E)与黑檀体(e)为一对相对性状,位于染色体Ⅲ$R^{70.7}$上,而长翅(Vg)与残翅(vg)为另一对相对性状,位于染色体Ⅱ$R^{67.0}$上。这两对基因是没有连锁关系的,是位于不同染色体上的非等位基因。

双因子杂交是指位于不同染色体上的两对非等位基因间的杂交,是在一对等位基因杂交的基础上进行的。根据孟德尔的颗粒遗传学理论,自由组合定律的实质是基因的分离是独立的,而在配子中非等位基因的自由组合产生四种比例相同的配子。如控制两对相对性状的两对非等位基因不是位于同一染色体上,同时都具有完全显、隐性关系,则在杂种二代会出现四种表型,比例为9:3:3:1,如图3.1。

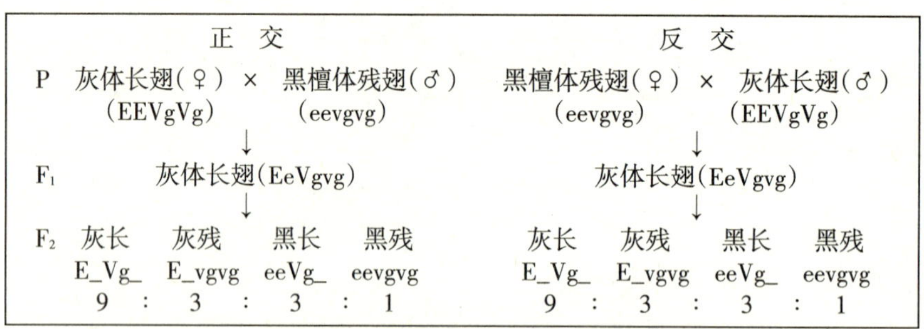

图3.1　果蝇双因子杂交——自由组合定律示意图

三、实验仪器与材料

1. 实验材料

黑腹果蝇品系:野生型灰体长翅果蝇(EEVgVg),突变型黑檀体残翅果蝇(eevgvg)。

2. 实验器具

显微镜、放大镜、镊子、麻醉瓶、白瓷板、恒温培养箱、培养瓶、毛笔、滤纸、标签、培养皿等器具。

3. 实验药品

乙醚、75%乙醇、玉米粉、琼脂、白砂糖、酵母粉、丙酸等。

四、实验方法

1. 选择处女蝇

放出并杀死培养瓶中的全部成蝇,收集羽化未超过8 h的果蝇,雌、雄分开培养,此时的雌蝇即为处女蝇。可提前2～3 d收集。

2. 杂交

一组做正交、一组做反交，正反交各1瓶。麻醉、选取果蝇，每瓶放5对，确保杂交瓶中每只果蝇完全苏醒，没有死蝇。贴好标签，于25 ℃恒温箱中培养。

注意：也可只做反交[黑檀体残翅 eevgvg(♀)×灰体长翅 EEVgVg(♂)]，因残翅果蝇不能飞，只能爬行，用作母本比较好。

3. 移走亲本

7 d后，待F_1幼虫出现后即可移走亲本。

4. 观察F_1

再过4～5 d，F_1成蝇出现，连续观察2～3 d，或集中观察记录F_1表型，主要是身体颜色、翅膀的形态观察。

5. F_1互交

选取正交、反交各5对F_1果蝇，分别转入一新培养瓶中(不需处女蝇)，贴好标签，于25 ℃恒温培养箱中培养。

6. 移去亲本

7 d后，待F_2幼虫出现后即可移出并处死F_1亲本果蝇。

7. 观察F_2

再过5 d，F_2成蝇出现，观察F_2的身体颜色、翅膀形态后将其处死，连续观察统计7～8 d。

注意：统计过的果蝇一定要处死，方法是放入酒精瓶中淹死。

8. 数据处理及统计分析

(1)观察并统计正、反交F_1果蝇的表型及个体数，填入表3.1，比较正、反交结果，分析基因间的显、隐性关系。

表3.1　双因子杂交F_1表型统计

统计日期 / 观察结果	灰体长翅(♀)×黑檀体残翅(♂)				黑檀体残翅(♀)×灰体长翅(♂)			
	灰体长翅	灰体残翅	黑檀体长翅	黑檀体残翅	灰体长翅	灰体残翅	黑檀体长翅	黑檀体残翅

(2)观察并统计正、反交F_2果蝇的表型及个体数，填入表3.2，计算不同表型个体数的比例，比较正、反交实验结果。

表3.2　双因子杂交F_2表型统计

统计日期 / 观察结果	灰体长翅(♀)×黑檀体残翅(♂)				黑檀体残翅(♀)×灰体长翅(♂)			
	灰体长翅	灰体残翅	黑檀体长翅	黑檀体残翅	灰体长翅	灰体残翅	黑檀体长翅	黑檀体残翅

(3)根据实验结果，对该实验F_2的统计结果做χ^2检验，填入表3.3。

表3.3 对双因子杂交F_2的统计结果做χ^2检验

	灰体长翅数目（正反交合并）	灰体残翅数目（正反交合并）	黑檀体长翅数目（正反交合并）	黑檀体残翅数目（正反交合并）
实际观察(O)				
预期数9:3:3:1(E)				
偏差($O-E$)				
$(O-E)^2/E$				

自由度= 4−1=3，$\chi^2=(O-E)^2/E$

若$P>0.05$，说明实验符合两对因子自由组合的假说。若$P<0.05$，说明这个实验的数据不符合两对因子自由组合的假说，即不能认为是自由组合。

五、作业与思考

1. 按照实验计划观察果蝇的性状表现，统计各种表型果蝇数目，完成表3.1、表3.2、表3.3，分析实验结果是否符合孟德尔自由组合定律？

2. 如何判断两个基因是连锁遗传还是自由组合？

实验四　果蝇的三点测交实验

一、实验目的

(1)掌握三点测交的原理及方法。

(2)学习三点测交的数据统计处理及分析方法。

(3)了解绘制遗传学图的原理和方法。

(4)加深理解遗传学基因连锁互换定律的本质。

二、实验原理

三点测交就是通过一次杂交和一次用隐性亲本测交,同时确定三对等位基因(即三个基因位点)的排列顺序和它们之间的遗传距离,是基因定位的常用方法。确定基因的位置主要是确定基因之间的距离和顺序,而它们之间的距离是用交换值来表示的。基因间的交换值,是通过测定位于同源染色体上的连锁基因在遗传时子代中出现的重组型的比例而获得的。因此可通过两点测验或三点测验统计结果,准确算出交换值,确定基因在染色体上的相对位置,并把它们标记在染色体上绘制成图,此图就称为连锁遗传图。

三点测交的主要过程是:用野生型纯合体和三隐性个体杂交,获得三因子杂种(F_1),再使F_1与三隐性基因纯合体测交,通过对测交后代表现型及其数目的分析,分别计算三个连锁基因之间的交换值,从而确定这三个基因在同一染色体上的顺序和距离。通过一次三点测验可以同时确定三个连锁基因的位置,即相当于进行三次两点测验,而且能在试验中检测到所发生的双交换,纠正两点测验的缺点,使估算的交换值更准确,如图4.1。

因为F_1雄蝇为三隐性个体,所以F_1雌雄蝇自交时,即进行测交,F_2可以得到8种表型,F_2中亲本型个体数最多,而发生双交换的表现型个体数应最少。

如果两个基因间的单交换并不影响邻近两个基因的单交换,那么预期的双交换率应当等于两个单交换频率的乘积,但实际上观察到的双交换值往往低于预期值,因为每一次发生单交换,它邻近基因也发生一次交换的机会就减少,这叫干涉。一般用并发率表示干涉的大小:

并发率=观察到的双交换率/两个单交换率的乘积。

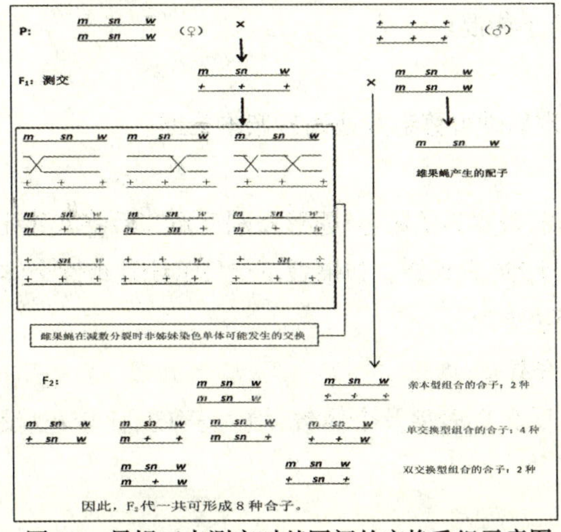

图4.1　果蝇三点测交时基因间的交换重组示意图

三、实验仪器与材料

1. 实验材料

黑腹果蝇品系：野生型(+++)红眼、长翅、直刚毛；三隐性个体(wmsn)白眼、小翅、焦刚毛。

注：白眼(w)、小翅(m)、焦刚毛(sn)，这三个基因都位于X染色体上。

2. 实验器具

显微镜、放大镜、镊子、麻醉瓶、白瓷板、恒温培养箱、培养瓶、毛笔、滤纸、标签、培养皿等器具。

3. 实验药品

乙醚、75%乙醇、玉米粉、琼脂、白砂糖、酵母粉、丙酸等。

四、实验方法

1. 选择处女蝇

收集和挑选三隐性品系处女蝇和野生型雄蝇，正交选野生型雌蝇为母本，三隐性雄蝇为父本；反交选三隐性雌蝇为母本，野生型雄蝇为父本。将母本旧瓶中的果蝇全部处死，在8～12 h内收集处女蝇5只。

2. 杂交

分别将正、反交组的处女蝇和5只雄蝇转移到两个新的杂交瓶中，确保杂交瓶中每只果蝇完全苏醒，没有死蝇。贴好标签，注明杂交组合、日期、表型，于25 ℃恒温箱中培养。

3. 移走亲本

7 d后，待F_1幼虫出现后即可彻底放掉杂交亲本，并把亲本处死。

4. 观察F_1

再过4～5 d，F_1成蝇出现，连续观察2～3 d，或在处死亲本7 d后集中观察记录F_1表型。要求每组至少观察和统计250只果蝇。

5. F_1测交

每组做正、反交各1瓶。正交：选取F_1的处女蝇5只，三隐性雄蝇5只放入一新的杂交瓶中，贴好标签。反交：选取三隐性的处女蝇5只、F_1雄蝇5只，放入另一新的杂交瓶中，贴好标签，均置于25 ℃恒温箱中培养。

注意：正交和反交F_1不能混。

6. 移去亲本

7 d后，待F_2幼虫出现后即可移走并处死F_1亲本果蝇。

7. 观察F_2

再过5 d，F_2成蝇出现，观察F_2的眼色、翅形及刚毛形态后将其处死，连续观察统计7～8 d。要求每组至少观察和统计250只果蝇。如果做正交只需统计雄性个体。统计过的果蝇一定要处死，方法是放入酒精瓶中淹死。

8. 数据处理及统计分析

(1)观察并统计正、反交F_1表型及个体数，填入表4.1，比较正、反交结果，分析基因间的显、隐性关系。

表4.1　三点测交实验 F_1 表型统计（正、反交分别统计）

测交后代表型	观察数	m-sn 重组	m-w 重组	w-sn 重组	交换类型
sn w m					
+ + +					
+ w +					
sn + m					
sn + +					
+ w m					
+ + m					
sn w +					
重组值(%)					

（2）观察并统计正、反交 F_2 表型及个体数，计算不同表型个体数的比例，填入表4.2，比较正、反交实验结果。

表4.2　三点测交实验 F_2 表型统计（正、反交分别统计）

测交后代表型	观察数	m-sn 重组	m-w 重组	w-sn 重组	交换类型
sn w m					
+ + +					
+ w +					
sn + m					
sn + +					
+ w m					
+ + m					
sn w +					
重组值(%)					

（3）根据得到的结果，对该实验 F_2 的统计结果做 χ^2 测验，填入表4.3。

表4.3　对三点测交 F_2 的统计结果做 χ^2 测验（正、反交分别统计分析）

测交后代表型	实际观察数(O)	预期数(E)	偏差($O-E$)	$(O-E)^2/E$
sn w m				
+ + +				
+ w +				
sn + m				
sn + +				
+ w m				
+ + m				
sn w +				

五、作业与思考

1. 对实验现象及结果进行描述分析，计算基因间的重组值及双交换值，并根据本次实验结果画出连锁遗传图（即三个基因的相对顺序与距离），计算并发系数和干涉值。

2. F_1 测交时设置的正、反交组与亲本杂交时设置的正、反交组，这二者有什么异同？如此设计有什么作用？

实验五　果蝇唾液腺染色体的制备和观察

一、实验目的

(1)学习剖取果蝇三龄幼虫唾液腺的方法。

(2)掌握制作果蝇唾液腺染色体标本的技术。

(3)观察果蝇唾液腺染色体的形态特征,分析果蝇唾液腺染色体结构动态变化。

(4)了解唾液腺染色体巨大性、多线性、体联性、染色中心的特性。

二、实验原理

唾液腺染色体是一类存在于双翅目昆虫(果蝇、摇蚊)幼虫唾液腺细胞中的巨大染色体。双翅目昆虫的唾液腺细胞发育到一定阶段之后就不再进行有丝分裂,而永久地停留在分裂间期。随着幼虫的生长,唾液腺染色体仍然不断地进行自我复制而不分开,其所有同源染色体相互靠拢在一起呈现一种紧密配对状态,如同减数分裂的联会,经过许多次复制形成1 000~4 000拷贝的染色体丝,合起来直径达5 μm,长度达400 μm,相当于普通染色体的100~150倍,所以又被称为巨大染色体或多线染色体。多线染色体经染色后,出现的横纹,具有物种的特异性。

果蝇唾液腺染色体是果蝇生长到三龄幼虫时,细胞数目不增加,但核内染色质纤维不断复制的结果。在果蝇唾液腺细胞中,其8条染色体之间以着丝粒相互连结在一起形成染色盘或异染中心和同源染色体之间的假联会,经碱性染料染色后,可以观察到一个染色较深的染色盘和以染色盘为中心向外辐射出的5条染色体臂。在这些染色体臂上可以看到染色深浅不同,被称为明带和暗带的横纹,这些横纹的位置、宽窄、数目都具有物种的特异性。不同物种、不同染色体的不同部位的形态和位置是固定的,因此根据染色体各条臂的带纹特征和各条臂端部带纹的特征能准确识别各条染色体。如染色体有缺失、重复、倒位、易位等现象时很容易在唾液腺染色体上识别出来。幼虫期唾液腺细胞中染色体只呈单倍数,各个染色体中异染色质多的着丝粒部分相互靠拢形成染色中心。

三、实验仪器与材料

1. 实验材料

果蝇的三龄幼虫。

2. 实验器具

双筒解剖镜、显微镜、培养箱、解剖针、镊子、吸水纸、载玻片及盖玻片等。

3. 实验药品

改良的苯酚品红染色液、生理盐水(0.7% NaCl)。

改良苯酚品红染色液配制方法:

原液A:取3 g碱性品红溶于100 mL 70%酒精中(此液可以长期保存)。原液B:取A液10 mL加入90 mL 5%苯酚(即石炭酸)水溶液中(2周内使用)。原液C:取B液55 mL加入6 mL冰醋酸和6 mL 37%甲醛(放置2周后使用)。染色液:取C液2~10 mL,加入90~98 mL 45%

醋酸和1.8 g山梨醇，此即改良苯酚品红染色液。

四、实验方法

1. 三龄幼虫的选择

选择行动迟缓、体型肥大、爬上瓶壁、即将要化蛹的三龄幼虫。

2. 唾液腺的剥取

将载玻片置于双筒解剖镜下，在载玻片上滴加生理盐水，取三龄幼虫放在其中，将培养基洗掉；再另取一载玻片，滴上一滴生理盐水，将洗好的三龄幼虫放在其中，两手各握一枚解剖针，左手的解剖针压住幼虫后端1/3处，固定幼虫，右手的解剖针按住幼虫头部黑点（口器）稍后处，用力向右拉，把头部从身体拉开，唾液腺随之而出，为一对透明的棒状腺体，形似香蕉。将周围的其他组织剔除。

3. 染色压片

将唾液腺移到干净的载玻片上，用吸水纸吸去生理盐水，滴加改良的苯酚品红染色15～20 min，盖上盖玻片，用滤纸吸去多余的染液，用拇指压片。在压片时，用大拇指用力压住载玻片，并横向揉几次。

注意：压片时放载玻片的桌面要干，不要使盖片滑动；用力和揉动是一个方向，不能来回揉动。

4. 观察

将制好的片子先在低倍镜下观察，找到分散度合适、形态良好的染色体图像，再用高倍镜观察，并拍照。

五、作业与思考

1. 绘出显微镜下观察到的染色体略图，并撰写完整的实验报告。

2. 在果蝇唾液腺染色体的制备中，为何使用三龄幼虫作为实验材料？如何确定你所观察到的就是唾液腺染色体？

第二章 细胞遗传学实验

实验六 细胞分裂过程的染色体制片与观察

一、实验目的

(1)观察细胞在有丝分裂与减数分裂过程中染色体的动态变化规律。

(2)了解动物生殖细胞形成的一般过程以及染色体在这一过程中的动态变化,深刻理解有丝分裂和减数分裂的遗传学意义。

(3)掌握动物细胞分裂过程中染色体标本制作技术。

二、实验原理

对动物而言,无论是体细胞还是生殖细胞都是通过有丝分裂实现细胞增殖的,而生殖细胞在形成配子时才需经历减数分裂的细胞分裂形式。一般来说,只要是能够进行细胞分裂的动物组织或是单个细胞,如动物的骨髓、外周血细胞都在不断进行着细胞分裂,都可以作为观察有丝分裂的材料。而动物有性组织,如精巢和卵巢,经固定、压片、染色等处理后,就可以在显微镜下观察其中的生殖细胞减数分裂的各个时期。

细胞有丝分裂中,第一次分裂结束到第二次分裂结束所经历的过程为一个细胞分裂周期,包括分裂间期和分裂期,分裂期又分为前期、中期、后期、末期四个时期。而减数分裂是配子形成过程中所进行的一种特殊形式的细胞分裂,通过减数分裂使得生物体产生的配子染色体数目减为体细胞的一半,称作单倍体细胞。这样再通过雌、雄配子的结合又可以在后代细胞中恢复正常的染色体数目,从而保持了物种的遗传稳定性。减数分裂包括两次连续分裂,各自又可划分为前、中、后、末四个连续的时期,减数分裂过程如下。

(一)减数第一次分裂

1. 前期Ⅰ

此期又可分为细线期、偶线期、粗线期、双线期和终变期五个时期。

(1)细线期 核内染色质螺旋化呈长线状,互相缠绕,形似线团,难以辨别成双的染色体。

(2)偶线期 染色体进一步螺旋化,缩短变粗,同源染色体联会。联会的一对同源染色体称为二价体。由于每条染色体各含两个姐妹染色单体,故又称之为四合体。

(3)粗线期 二价体继续缩短变粗,形成紧密相连的联会复合体,此时同源染色体的非姐妹染色单体间可能发生片段交换。

(4)双线期 同源染色体相互排斥,联会复合体开始松散,可清楚地观察到同源染色体交叉的现象。

(5)终变期 染色体更为浓缩粗短,交叉点移向二价体的两极,核仁、核膜逐渐解体。

2. 中期Ⅰ

核仁、核膜解体,所有二价体排列在赤道面上,纺锤丝与着丝点相连,形成纺锤体,二价体两条染色体的着丝点分别趋向细胞的两极，此时最适于染色体计数和形态特征观察。

3. 后期Ⅰ

同源染色体开始分开，在纺锤丝收缩力的作用下分别向细胞两极移动，完成染色体数目减半的过程。注意：此时染色体的着丝点尚未分裂，每条染色体仍由两个姐妹染色单体构成。

4. 末期Ⅰ

染色体移到细胞两极，松开变细，核仁、核膜重新出现，形成两个子核；细胞质随机分裂，细胞膜从赤道面位置向内凹陷，把细胞缢裂成两个，成为二分体。

（二）减数第二次分裂

减数第一次分裂完成后有一个短暂的间期，二分体中的核仁、核膜完全形成，但染色体螺旋并不完全解开，紧接着进入减数第二次分裂。

1. 前期Ⅱ

染色体又开始缩短变粗，两条姐妹染色单体互相排斥分开，着丝点处仍相连形成剪刀状。

2. 中期Ⅱ

染色体显著缩短变粗，着丝点排列在两子细胞的赤道面上，且与纺锤丝相连，形成纺锤体。

3. 后期Ⅱ

染色体的着丝点纵裂为二，姐妹染色单体分开成为独立的染色体，在纺锤丝的牵引下分别移向两极。

4. 末期Ⅱ

分向两极的染色体聚合，解螺旋形成新核，核仁、核膜重新形成，细胞质也分隔为二，从而使一个母细胞分裂为四个子细胞，称为四分体。每个子细胞内所含染色体数只有原母细胞（$2n$）的一半（n）。

三、实验仪器与材料

1. 实验材料

水稻蝗虫（*Oxya intricata*），其染色体数为：雌虫 $2n=2x=24$，XX；雄虫 $2n=2x=23$，XO。雌虫比雄虫个体长，腹部末端为产卵器，呈分叉状。雄虫腹部末端为交配器，形似船尾。

2. 实验器具

显微镜、计时器、染缸、染色板、酒精灯、白绸、擦镜纸、培养皿、材料瓶、载玻片、盖玻片、镊子、解剖刀、解剖针、刀片、木夹、吸水纸、标签、铅笔等常用工具。

3. 实验药品

卡诺氏Ⅰ、甲醇冰乙酸（甲醇∶冰乙酸=3∶1）固定液、甘油蛋白、1 mol/L HCl、改良苯酚品红染色液、无水乙醇、95%乙醇、80%乙醇、70%乙醇。

四、实验方法

1. 材料采集与预处理

于八至九月采集雄蝗虫，立即投入甲醇冰乙酸固定液中固定 24 h（或取雄虫精巢，用甲醇冰乙酸固定液固定 30～60 min）。若暂时不用，可用95%乙醇清洗2次，投入70%乙醇中于4 ℃保存（在70%乙醇与等量甘油的混合液中可长期保存）备用。

2. 取精巢

取固定好的雄蝗虫，剪去翅膀，沿背侧背中线剪开体壁，用镊子于第2～3背板下取出精巢（褐色，左右各一），于白瓷板窝内水洗干净，吸去多余的水分。

3. 酸解

用镊子纵向夹住输精管，将精细管横切成两段，取较粗（游离）的半段（细胞分裂旺盛）在白瓷板另一窝内，用1 mol/L HCl酸解3～5 min。

4. 染色

将改良苯酚品红（或其他染液）滴加在一染色板窝内，把酸解好的材料放入其中，染色15～20 min。

5. 压片

挑取2～3条已染色的精细管放于载玻片上，滴一滴染液，盖上盖玻片，在盖玻片上覆一张吸水纸，吸去多余的染液，换一张干净的吸水纸，一手固定盖玻片和载玻片，另一手用铅笔的橡皮头垂直敲打，使细胞分散、压平。

6. 镜检

在低倍镜下寻找适当视野，换高倍镜仔细观察和区分处于减数分裂各个时期染色体的形态特征。

五、作业与思考

1. 制作能观察到较多分裂相且各时期图像清晰的制片1～2张。
2. 绘制所观察到的典型分裂时期细胞、染色体图像，简要说明染色体的行为特征。
3. 分析自己学习制片操作过程中出现的问题及可能原因。
4. 简述减数分裂过程中的染色体行为与孟德尔遗传定律的联系。

实验七 哺乳动物外周血淋巴细胞培养与染色体制备

一、实验目的

掌握哺乳动物微量血液体外培养制备染色体标本的方法。

二、实验原理

利用哺乳动物细胞培养技术可以对不同类型的细胞进行长期培养,并使其在培养液中生长传代。血淋巴细胞的培养已是一项成熟技术,是制备动物染色体的主要方法之一。血淋巴细胞培养法的优点是材料便宜易得、可对同一个体进行连续观察、可得到优良的染色体制片,淋巴细胞的培养过程中,还可对多种因素(如病毒、电离辐射、化学药物等)的效应进行观察。因此,该方法在遗传学、临床医学等领域的研究中得到了广泛应用。

外周血液中的小淋巴细胞几乎都处在G_0期,一般情况下是不分裂的。在植物血球凝集素(Phytohemagglutinin,PHA)的作用下,G_0期的淋巴细胞可转化为淋巴母细胞,从而进行有丝分裂。PHA是人和其他动物淋巴细胞的有丝分裂刺激剂,能使红细胞凝集而分离出白细胞,并刺激细胞分裂。因此,通过外周血培养后加入PHA处理,可迅速简便地获得体外培养的细胞群体和有丝分裂相,采用空气干燥法制片就可获得有丝分裂的染色体标本。不同动物的外周血培养和染色体制备都可采用本方法,只是培养条件稍有差异。

三、实验仪器与材料

1. 实验材料

哺乳动物(猪)的新鲜外周全血。

2. 实验器具

显微镜、生化培养箱、离心机、真空泵、玻砂漏斗(或细菌过滤器)、2 mL灭菌注射器、离心管、吸管、试管架、量筒、培养瓶、酒精灯、烧杯、载玻片、切片盒、天平、卧式染缸等。所用玻璃器皿及其他器械洗净、干燥后,均应用纱布和牛皮纸包装,高压蒸汽灭菌。

3. 实验药品

RPMI1640或M199培养基、胎牛血清、肝素钠、秋水仙素、PHA、青霉素、链霉素、Giemsa染液、0.01 mol/L磷酸盐缓冲液(PBS)(pH6.8)、0.075 mol/L KCl、甲醇、冰乙酸等。

四、实验方法

1. 分装培养液

在无菌室或接种罩内,用移液管将培养液和其他试剂分装入培养瓶。每瓶包括:培养液(RPMI1640或M199),4 mL;胎牛血清,1 mL;PHA(10%),0.2 mL;肝素钠(500 U/mL),0.05 mL;双抗(青霉素+链霉素),终浓度均为100 U/mL。用5% $NaHCO_3$调pH到7.2~7.4,分装到10~20 mL的细胞培养瓶中,用橡皮塞塞紧,封口胶封口待用,或置于0 ℃条件下保藏。使用前从冰箱内取出,37 ℃恒温孵育10 min。

注意:PHA的效价、培养液的pH、培养液是否被细菌污染等是本实验成败的关键。

2. 采血及培养

用2 mL无菌注射器吸取肝素钠(500 U/mL)0.05 mL湿润管壁,用碘酒和乙醇消毒皮肤,自前腔静脉或耳静脉采血0.3～0.5 mL,在酒精灯火焰保护下向培养瓶内接种,旋转培养瓶几次,使血液中的细胞悬浮在培养液中,置于37 ℃～38 ℃恒温培养箱中培养72 h。

注意:接种的血样越新鲜越好;不同动物的培养温度略有差异,猪全血以38 ℃最适宜;随时注意观察培养温度;培养过程中每隔12 h摇匀1次,以免细胞凝集。

3. 秋水仙素处理

培养终止前4～6 h,在火焰保护下加入秋水仙素(终浓度为0.5～0.7 μg/mL),继续培养至结束。

注意:适量的秋水仙素,适宜的处理时机和持续时间,是获得良好分裂相的先决条件,这将影响分裂相的多少和染色体的长短。

4. 低渗处理

培养结束后将细胞悬浮液转移至10 mL刻度离心管中,1 000 rpm离心10 min,吸去上清液,加入0.075 mol/L KCl 6～8 mL,将细胞团吹散,室温下静置25 min,1 000 rpm离心10 min,去上清液。

5. 固定

第一次固定:沿管壁加6～8 mL 3∶1甲醇冰乙酸固定液(现配现用),吹散细胞团块,使其在固定液中悬浮均匀,室温静置25～30 min,1 000 rpm离心10 min,去上清液。

第二次固定:重复第一次固定的操作1次。

第三次固定:沿管壁加6～8 mL 1∶1甲醇冰乙酸固定液,室温静置20 min,1 000 rpm离心10 min,弃上清液。

6. 滴片

加1∶1甲醇冰乙酸固定液0.1～0.2 mL,吹散细胞团块,制成细胞悬液。滴1～2滴细胞悬液于事先在冰水中预冷的载玻片上,立即用洗耳球轻轻吹气,使细胞迅速分散。滴片以45°角倾斜放置,自然干燥。

注意:滴片要有一定高度,以便细胞分散;避免两滴细胞悬液掉在同一点上;滴片的正反面做好标记,以便染色。

7. 染色

取干燥好的滴片放入卧式染缸(正面向下,两端各放一小玻棒垫起滴片),加适量Giemsa染液扣染30 min后,用蒸馏水细流冲洗,晾干或微热烤干。

注意:避免形成染液氧化膜;若发现有染液氧化膜,可用PBS冲洗后再用蒸馏水细流冲洗。

8. 镜检

在低倍镜下检测制片及Giemsa染色的总体效果,寻找中期分裂相多的视野,转高倍镜观察(猪细胞分裂中期染色体,$2n=2x=38$,XY);选择分散适度,不重叠的染色体分裂相,在油镜下仔细观察或显微摄影,以便进行核型分析。

五、作业与思考

1. 制备1张分裂相多、分散度好的分裂中期染色体制片。
2. 总结外周血淋巴细胞培养成败的经验、教训,分析影响培养效果的关键因素。

实验八　哺乳动物染色体G显带染色技术

一、实验目的

(1)学习和掌握染色体G显带染色的方法及核型分析的原理与方法。

(2)了解染色体形态特征、染色体组、染色体带型。

二、实验原理

染色体经过各种不同的处理后,经Giemsa染色,能使染色体显出一定的带纹。处理方法一致的时候,这种带纹也是恒定的。因此,可以通过对染色体进行不同的显带,实现对动物染色体更加精确的分析。染色体显带不仅能帮助研究人员确认每条染色体,而且可以在研究染色体结构和数目变异的过程中提供更加准确的信息。Giemsa分带(G带)方法多样,经典方法是以胰蛋白酶消化,然后进行染色观察。

三、实验仪器与材料

1. 实验材料

利用滴片法制备的猪外周血细胞染色体标本。

2. 实验器具

染缸、水浴锅、显微镜等。

3. 实验药品

胰蛋白酶、酚红指示剂、NaOH溶液、磷酸盐缓冲液、生理盐水、Giemsa染液等。

四、实验方法

1. 染缸准备

(1)胰蛋白酶:用0.85%生理盐水配制成0.005%的胰蛋白酶液50～100 mL(视染缸大小而定),加3～6滴0.4%酚红指示剂,再用0.1 mol/L NaOH溶液调至橘色(pH 6.8～7.0),放入一染色缸内,标记为1号染色缸。

(2)0.85%生理盐水:两份,各50～100 mL,分别放入两个染色缸内,标记为2号和3号染色缸。

(3)Giemsa染色液:用pH 7.2～7.4的磷酸盐缓冲液或三蒸水配成,浓度为6%～8%。取50～100 mL放入一个染色缸内,标记为4号染色缸。Giemsa染液使用时现配。

以上三种共四缸试剂同时放入37 ℃恒温水浴锅中预热备用。

2. 染色体标本准备

(1)按滴片法制备猪外周血细胞染色体标本,选择分裂相多,团聚性、分散性好,染色体长,姐妹染色单体既分开又相对集中的标本。

(2)在60 ℃～80 ℃烘箱中烘烤2～3 h,然后自然冷却。片龄最好不超过七天,片龄愈短分带效果愈好。

3. 胰蛋白酶消化

(1)选择1个标本,放入1号染色缸,根据预先实验得到的消化时间进行消化。一般新鲜片子消化3~6 min，超过一周的片子一般每多一天，增加30 s消化时间。胰蛋白酶的pH以6.8~7.0为宜，偏酸时消化时间要延长，偏碱时则要缩短。

(2)取出片子在吸水纸上吸一下水，再依次放入两个生理盐水缸(2号和3号)中各漂洗一下，吸去多余的液体。

4. 染色

将消化好的标本放入Giemsa染缸(4号缸)中，染色30 min。

5. 镜检

用自来水冲洗后，在显微镜下检查分带效果。如尚无带纹显出，可趁温再放入胰蛋白酶中消化，冲洗，染色。如此进行，直到出现满意的分带效果为止。将几次消化时间相加，可得到该标本适宜消化时间。

分带成功之后，按所确定的胰蛋白酶消化时间，将其他所有标本按上述步骤，通过“消化→漂洗→染色→冲洗→空气干燥”步骤，完成染色体片的制备过程。

6. 绘图

在显微镜下仔细观察每条染色体的G带带型，绘制带型模式图。

五、作业与思考

1. 制作一张完整的猪G带带型模式图。
2. 简要描述实验所测带型的分析结果。

实验九　鹌鹑骨髓细胞染色体标本制作

一、实验目的

(1)掌握空气干燥法制备染色体片的基本方法。

(2)观察鹌鹑的染色体数目,了解鸟类染色体的形态特征。

二、实验原理

从骨髓细胞获得动物染色体标本是最常用的途径之一。骨髓细胞中有丝分裂指数相当高,经一定技术处理可直接得到有丝分裂中期细胞,这些分裂中期细胞主要来自成红细胞系统和各种骨髓母细胞,另外还有少量单核细胞和淋巴细胞。

通过骨髓得到染色体是比较简便的,一般也不需要无菌操作。为了获得更多有丝分裂中期相,可在取材前对实验动物腹腔注射有丝分裂的抑制剂,常用秋水仙素。

用动物骨髓细胞制备染色体片时一般采用空气干燥法。根据制片前是否对骨髓细胞进行短期培育,可分为培育法和直接法两种。直接法是指直接从骨髓中取出并分离细胞,用空气干燥法或压片法获得染色体制片的方法。培育法是指从骨髓中取出细胞后,在含有秋水仙素的培养基中短期培育,再用空气干燥法制备染色体片的方法。此法除骨髓细胞外,也适用于体内有丝分裂比较旺盛的细胞。

三、实验仪器与材料

1. 实验材料

鹌鹑($2n=2x=78$),健康雌雄鹌鹑各1只,体重分别为100～110 g、120～130 g。

2. 实验器具

离心机、恒温水浴锅、显微镜、2 mL注射器、7号针头、10 mL离心管、吸管、试管、试管架、载玻片、盖玻片、解剖器具(剪刀、镊子)等。

3. 实验药品

秋水仙素溶液(100 μg/mL)、2%柠檬酸钠溶液、0.075 mol/L KCl溶液、乙醇、冰乙酸、Giemsa原液、0.01 mol/L磷酸盐缓冲液(pH 6.8)、胎牛血清等。

四、实验方法

1. 预处理

在取样前4 h,按1 mL/100 g体重向鹌鹑腹腔注射秋水仙素溶液,以抑制纺锤体形成,增加中期分裂相细胞比例。

2. 取材

鹌鹑断头处死,立即取其一侧股骨,去除附着肌肉,擦净血污,剪去两端骨骺,暴露骨髓腔,用注射器取PBS 5 mL 插入骨髓腔冲洗骨髓至离心管中,1 500 rpm 离心 10 min,去上清液。

3. 胰蛋白酶处理

向沉淀物中加3 mL 0.1%胰蛋白酶消化,在37 ℃恒温水浴锅中水浴20 min。倒入小平皿中，室温下用振荡器振荡10 min。将沉淀物移入离心管，放入冰水中，加入胰蛋白酶抑制剂（胎牛血清，10%）。1 500 rpm离心10 min，弃上清液。

4. 低渗处理

向胰蛋白酶处理得到的沉淀物中加入0.075 mol/L KCl溶液6 mL，混匀后在37 ℃恒温水浴锅中低渗处理30 min。将低渗处理后的混悬液以1 500 rpm离心，弃上清液。

5. 固定

加新配制的固定液（甲醇:冰醋酸=3:1）5 mL，固定10 min，用吸管反复吹打混匀，继续固定20 min，再以1 500 rpm离心10 min，弃上清液。再加固定液0.5 mL，充分混匀，制成细胞悬液。

6. 滴片

将细胞悬液均匀滴3滴在载玻片上，悬液即在载玻片上迅速展开，空气中自然干燥。

7. 染色

用新配制的Giemsa染液（Giemsa原液:磷酸盐缓冲液=1:9）染色15 min，自来水冲洗，晾干，待镜检。

8. 镜检

通过观察要重点了解鸟类染色体的特点，即有许多微小染色体，在显微镜下较难识别。鹌鹑染色体为二倍体（$2n$），即含2个染色组（n），数目$2n$=78，有10对大染色体（包括1对性染色体）和29对微小染色体。微小染色体较多，易与染色颗粒及杂质混淆，应注意区分。

五、作业与思考

1. 制作能观察到较多中期分裂相且染色体分散良好、图像清晰的骨髓细胞染色体标本1～2张。

2. 绘制你所观察到的中期染色体图像，分析鸟类染色体的特征。

3. 分析空气干燥法制片操作过程中出现的问题及可能的原因。

实验十　鹌鹑染色体的核型分析

一、实验目的

(1)学习和掌握核型分析的基本方法。

(2)进一步了解染色体形态特征、同源染色体、染色体组、核型及染色体数目、结构变异与生物进化的关系。

二、实验原理

鹌鹑属鸟纲(Aves),鸡形目(Calliformes),雉科(Phasianidae),鹌鹑属(*Coturnix*)。鹌鹑因其体型小、世代间隔短、饲养费用低而日益受到遗传学研究者的喜爱。鹌鹑染色体$2n$总数为78,有10对大染色体(包括1对性染色体)和29对微小染色体,且微小染色体都为端着丝粒染色体。性染色体雄性为同配ZZ型,雌性为异配ZW型,Z染色体为第四大染色体,W染色体大小介于NO.7和NO.8染色体之间。

核型分析是根据染色体的形态特征、大小、显带情况,在对每条染色体进行准确识别的基础上进行染色体的分组、配对。在染色体制片和显带的基础上,通过核型分析和带型分析,能准确识别各个染色体的特征,了解不同物种、同一物种不同亚种或家畜不同品种甚至同一品种不同个体之间染色体结构的差异,有助于基因定位及其他遗传分析。

三、实验仪器与材料

1. 实验材料

利用空气干燥法制备的具有较多中期分裂相且染色体分散良好、图像清晰的鹌鹑骨髓细胞染色体标本。

2. 实验器具

显微镜(可拍照)、不锈钢尺、小剪刀、小镊子、绘图纸、胶水、座标纸等。

四、实验方法

1. 拍照

将制作的细胞轮廓清楚,染色体集中而不重叠,主、次缢痕和随体清晰,显带清楚,染色体长度适中而不弯曲的染色体标本,通过显微摄影,拍摄成数码照片。冲洗、放大成染色体照片;或者利用Photoshop软件对数码照片进行分析;或者利用核型分析软件完成核型分析工作。本实验采用冲洗、放大照片方式进行后续实验。

2. 染色体测量

目测照片上每条染色体长度,按长短顺序初步编号,写在每条染色体照片背面,用钢尺逐个测量每条染色体长度[至少测量分裂相9对大染色体及Z、W染色体的短臂(p)、长臂(q),计算染色体的相对长度],根据照片的放大倍数计算出各条染色体的实际长度、相对长度、臂比及着丝粒位置。有随体的染色体,其随体长度和次缢痕长度可计入全长,也可不计入,但必须加以说明。将测量和计算的数据做好记录。

3. 排列核型图

按上述标准及计算结果，将照片上的染色体剪贴配对，重新编号。着丝粒排在同一水平线上，短臂在上，长臂在下。排列好后进行分析比较，确定其核型、带型是否正常。

4. 绘制核型和带型模式图

根据之前的计算结果和排列的核型图，用绘图纸和坐标纸（坐标纸放在绘图纸下面）绘制核型模式图。横坐标为染色体序号，纵坐标为染色体（臂）的相对长度，“0”为长、短臂的分界线，长臂在下，短臂在上。

五、作业与思考

1. 列表表示鹌鹑9对较大常染色体及Z、W染色体相对长度、实际长度、臂比值、着丝粒位置。

2. 制作鹌鹑中期分裂相核型图并绘制核型模式图。

3. 简要描述鹌鹑9对大染色体和Z、W染色体G带带纹特征。

4. 简述染色体结构、数目变异的研究方法及其与生物进化的关系。

第三章　群体与数量遗传学实验

实验十一　家禽的伴性遗传

一、实验目的

（1）了解伴性遗传和常染色体遗传的区别。

（2）理解并掌握家禽自别雌雄的原理及伴性遗传规律。

二、实验原理

家禽的某些性状基因存在于性染色体上，性染色体上的基因控制的性状在遗传方式上与常染色体上的基因有所不同。性染色体上的基因随性染色体而传递，所以它们决定的性状与性别相联系。鸟类动物与哺乳类动物相反，性染色体构型是ZW型，即雄性为ZZ型，雌性为ZW型，伴性基因存在于Z染色体上，因此，伴性性状总是伴随着Z染色体的分离和重组而表现出来，表现为交叉遗传，即子一代雄性带有母亲的性状，子一代雌性带有父亲的性状。利用家禽的性染色体特征和伴性遗传规律，建立自别雌雄品系，然后利用品系间杂交，使雏禽出壳后即可自别雌雄。伴性遗传在养禽业中的应用，有利于合理安排家禽的生产，达到节约人力、物力，提高生产效率之目的。如鹌鹑的白羽与栗羽、黄羽与栗羽，鸡的金色与银色、快羽与慢羽、芦花与非芦花等。

（一）鹌鹑白羽、黄羽与栗羽伴性性状自别雌雄

鹌鹑的栗羽、黄羽和白羽是位于Z染色体上的两个有连锁关系的基因座B/b和Y/y相互作用的结果，其表型和基因型的关系见表11.1。

表11.1　栗羽系、白羽系和黄羽系的基因型和表型关系

表 型	基因型	
	公鹌鹑	母鹌鹑
栗羽系	$Z^{YB}Z^{YB}$	$Z^{YB}W$
白羽系	$Z^{Yb}Z^{Yb}$	$Z^{Yb}W$
黄羽系	$Z^{yB}Z^{yB}$	$Z^{yB}W$

从上述三品系鹌鹑羽色基因型和表型的关系可以看出，栗羽系在Y/y和B/b两基因座都是显性纯合的，白羽系在Y/y基因座显性纯合，在B/b基因座隐性纯合；黄羽系在Y/y基因座隐性纯合，在B/b基因座显性纯合，白羽系和黄羽系是栗羽系分别在B/b和Y/y两基因座发生隐性突变的结果。B和b为一对等位基因，不控制任何性状，只与色素的合成有关，B为有色基因，b为白化基因，B对b为显性，公母鹌鹑只要含有B基因即表现为有色羽；Y和y为另一对等位基因，分别控制栗羽和黄羽，Y对y为显性。两基因座位间存在互作，B与Y相互作用产生栗羽，B与y相互作用产生黄羽，白羽是白化基因b对Y和y上位作用的结果。在公鹌鹑中b隐性纯合时对Y或y起上位作用。在母鹌鹑中单个基因b对Y或y起上位作用，两基因座B/b和Y/y在公鹌鹑中表现出一定的互换率，在母鹌鹑中表现为完全连锁。隐性白羽、隐性黄羽纯系公鹌鹑分别与栗羽纯系母鹌鹑杂交，出壳后羽色为浅黄色均为雌性，而栗羽者均为雄性，其遗传图为：

$$
\begin{array}{lll}
P & Z^{Yb}Z^{Yb}(♂) \times & Z^{YB}W(♀) \\
 & (白羽鹌鹑)\downarrow & (栗羽鹌鹑) \\
F_1 & Z^{YB}Z^{Yb} & Z^{Yb}W \\
 & 栗羽(♂) & 白羽(♀)
\end{array}
$$

$$
\begin{array}{lll}
P & Z^{yB}Z^{yB}(♂) \times & Z^{YB}W(♀) \\
 & (黄羽鹌鹑)\downarrow & (栗羽鹌鹑) \\
F_1 & Z^{YB}Z^{yB} & Z^{yB}W \\
 & 栗羽(♂) & 黄羽(♀)
\end{array}
$$

(二)金银色伴性性状自别雌雄

金色、银色是受伴性基因(S/s)控制的,银色为显性,金色为隐性,利用金色公鸡和银色母鸡交配,则后代所有的金色雏鸡为母鸡,银色为公鸡,其遗传图为:

$$
\begin{array}{lll}
P & Z^{s}Z^{s}(♂) \times & Z^{S}W(♀) \\
 & (金色公鸡)\downarrow & (银色母鸡) \\
F_1 & Z^{S}Z^{s} & Z^{s}W \\
 & (银色公鸡) & (金色母鸡)
\end{array}
$$

(三)快慢羽伴性性状自别雌雄

快羽、慢羽受位于Z染色体上的一对等位基因(B/b)控制,慢羽为显性,快羽为隐性。用快羽公鸡和慢羽母鸡交配,子代快羽为母鸡,而慢羽为公鸡,其遗传图为:

$$
\begin{array}{lll}
P & Z^{b}Z^{b}(♂) \times & Z^{B}W(♀) \\
 & (快羽公鸡)\downarrow & (慢羽母鸡) \\
F_1 & Z^{B}Z^{b} & Z^{b}W \\
 & (慢羽公鸡) & (快羽母鸡)
\end{array}
$$

三、实验仪器与材料

1. 实验材料

白羽公鹌鹑、黄羽公鹌鹑、栗羽母鹌鹑。

2. 实验器具

孵化机、解剖板、产蛋笼、记号笔、蛋盘等。

四、实验方法

1. 杂交

选择饲养在产蛋笼中已开产的栗羽纯系母鹌鹑分别与白羽纯系公鹌鹑、黄羽纯系公鹌鹑进行杂交,每个杂交组合5对,交配3 d后开始收集每个杂交组合所产的种蛋并进行记录编号,连续收集一周的种蛋。

2. 孵化

把收集并编号的种蛋装入蛋盘中,置于孵化机内进行孵化。按照附录2中鹌鹑的孵化方法进行孵化。

注意：落盘时应使用纸板把出雏盘中的每个种蛋隔开，并在每格编上种蛋对应的编号，以便查找初生雏的父母及杂交组合。

3. 性别鉴定

孵化出的雏鹌鹑用肉眼观察其羽色来确定性别，出壳后羽色为浅黄色的均为雌性，而栗羽者均为雄性。

（1）翻肛鉴别法：出雏的鹌鹑可通过肛门鉴别法进行性别鉴定，在出雏后24 h内进行。鉴别时，在100 W白炽灯灯光下，用左手将雏鹌鹑的头朝下，背紧贴手掌心，轻握固定。以左手拇指、食指和中指捏住鹌鹑体，用右手食指和拇指将雏鹌鹑的泄殖腔上下轻轻拨开。若泄殖腔的黏膜呈黄色，其下壁的中央有一小的生殖突起，即为公鹌鹑；如呈淡黑色，无生殖突起，则为母鹌鹑。

（2）解剖法：将已进行雌雄鉴别的雏鹌鹑进行解剖，观察其生殖腺，以验证利用伴性原理鉴定的准确程度。

（3）外貌观察法：外貌观察法因鹌鹑生长时间不同可分为以下三种情形。

①3周龄鹌鹑鉴别法：雄鹌鹑胸部开始长出红褐色胸羽，其上偶有黑色斑点。雌鹌鹑胸羽为淡灰褐色，其上密布黑色、大小不等的斑点。但此时有些雌鹌鹑胸羽酷似雄鹌鹑，加上脸部与下颌部未换新羽，易发生混淆，造成鉴别错误。

②1月龄鹌鹑鉴别法：1月龄鹌鹑已基本换好永久体羽。公鹌鹑的脸、下颌、喉部开始呈赤褐色，胸羽为淡红褐色，其上镶有小黑斑点，胸部较宽，腹部呈淡黄色。母鹌鹑脸部为黄白色，下颌即喉部为白色，胸部密布黑色小斑点（其分布状似鸡心），腹部淡白色。如果其胸部底色似雄鹌鹑，其上又有细小黑点，再检查其下颌颜色，可以正确鉴别。1月龄时公鹌鹑开始鸣叫，鸣声短促而响亮。母鹌鹑叫声细小低微，似蟋蟀叫声。

③成年鹌鹑鉴别法：外貌鉴别如1月龄鹌鹑。公鹌鹑的肛门上方有红色膨大的性腺，而母鹌鹑的肛门上方无膨大部。公鹌鹑的泄殖腔背部有一发达的泄殖腔腺，稍加压迫则排出白色泡沫状的分泌物（不是精液），而母鹌鹑的粪便中无泡沫状附着物。公鹌鹑的胸部和面颊部羽毛为红褐色，而母鹌鹑的胸部和面颊部羽毛为灰色带黑色斑点。公鹌鹑体形紧凑，体重较轻；母鹌鹑体形宽松，体重较重。

五、作业与思考

1. 选择白羽纯系公鹌鹑、黄羽纯系公鹌鹑分别与栗羽纯系母鹌鹑杂交，收集种蛋编号并孵化，出壳后利用翻肛法和解剖法对雏鹌鹑的性别进行鉴定，以验证利用伴性原理鉴定的准确程度。同时留养一部分雏鹌鹑进行饲养，并带上编号，做好记录，分别在3周龄、1月龄和成年后观察验证。

2. 查阅资料，了解家禽中还有哪些性状是伴性性状，如何利用它们来实现雏禽的自别雌雄。

实验十二　群体遗传平衡分析及基因频率的估算

一、实验目的

(1)了解单基因性状的遗传规律,掌握群体的遗传平衡分析和基因频率的估算方法。

(2)加深理解遗传平衡定律,了解改变群体平衡的因素。

二、实验原理

单基因性状是指受一对等位基因控制的性状。单基因性状的遗传方式可分为:常染色体显性遗传(AD)、常染色体隐性遗传(AR)和伴性遗传(SL)三大类。伴性遗传又可分为:X伴性显性遗传(XD)、X伴性隐性遗传(XR)和Y伴性遗传。下面是人体一些单基因性状的遗传。

1. 人体形态性状的遗传

(1)发旋　在头顶靠后方的中线处有一螺纹即发旋。螺纹处头发纹路有两种方式:①右旋,即顺时针方向,为AD。②左旋。即逆时针方向,为AR。

(2)前额发际　着生头发区域的边缘即发际。前额发际有两种情况:①前额发际向脑门突出一三角形发突,即AD。②前额发际平齐的为AR。

(3)眼睑　俗称“眼皮”。双眼皮是AD,单眼皮是AR。

(4)耳垂　有耳垂,即耳垂下悬,与头连接处向上凹陷,为AD。无耳垂,即耳轮一直向下延续到头部,为AR。

(5)卷舌　研究我国人的发音发现,有的人能按自己的意志,把舌的两侧边抬高卷曲如同英文字母U形,即为卷舌,属AD,多数人具有此特征。有的人不能卷舌,属AR。

(6)食指与无名指长短　食指与无名指之间的长短关系表现为伴性遗传,控制此性状的基因位于X染色体上。食指短于无名指是隐性基因所决定,为XR。食指长于无名指,为XD。

2. 苯硫脲(PTC)尝味能力的遗传

PTC是一种白色结晶状药物,由于含有N－C＝S基,所以有苦涩味。不同的人对PTC溶液的苦味有不同的尝味能力。这种尝味能力是由一对等位基因(T/t)所决定的遗传性状,其中T对t为不完全显性。正常尝味者的基因型为TT,能尝出1/6 000 000～1/750 000 mol/L PTC溶液的苦味;具有Tt基因型的人尝味能力较低,只能尝出1/48 000～1/380 000 mol/L PTC溶液的苦味;而基因型为tt的人只能尝出1/24 000 mol/L以上浓度PTC溶液的苦味。个别人甚至对PTC的结晶也尝不出苦味来,这类个体在遗传上称为PTC味盲。

3. ABO血型的遗传

人类的ABO血型系统中,A型、B型属于AD,O型属于AR,AB型属于共显性遗传。

通常,个体遗传组成用基因型表示,而在群体中遗传组成则用基因型频率和基因频率表示。在随机交配的大群体中,若没有选择、突变和迁移等因素的作用,基因频率世代不变。在平衡状态下,基因频率和基因型频率间的关系为:$D=p^2$;$H=2pq$;$R=q^2$。这就是遗传平衡定律或哈代-温伯格(Hardy－Weinberg)定律。遗传平衡定律揭示了基因频率和基因型频率的关系,但平衡定律成立应具备以下条件:必须是实行随机交配的大群体,无迁移、突变、选择

等因素的影响。在畜禽育种中，采用选择、人为选配等措施就可以改变群体的基因频率和基因型频率，使群体的遗传性向人们需要的方向发展。

遗传平衡定律揭示了基因频率和基因型频率之间的关系，为基因频率和基因型频率的计算创造了条件。当群体中等位基因间无显性或显性不完全时，基因型和表型一致，即由表型可以直接识别基因型，统计出的表型比率就是基因型频率，基因频率则是：$p=D+\frac{H}{2},q=R+\frac{H}{2}$。在完全显性时，一对基因的基因型有3种，而表型只有两种，显性纯合子和杂合子的表型相同，不易区别。如果是一个随机交配的大群体，根据遗传平衡定律，群体应该处于基因平衡状态，基因频率为：$R=q^2,q=\sqrt{R},p=1-q$。

在伴性遗传的情况下，对性染色体同型的XX和ZZ群体，基因频率的计算方法与常染色体基因频率计算方法相同；对性染色体异型的XY和ZW群体，基因位于X或Z染色体的非同源部分，基因频率与基因型频率相等。对于复等位基因的遗传，基因频率的计算方法比一对等位基因复杂。以人的ABO血型为例进行说明，各血型的表型频率$A=p^2+2pr$，$B=q^2+2qr$，$AB=2pq$，$O=r^2$；基因O的频率等于O血型频率的平方根，即$r=\sqrt{O}$，$q=1-\sqrt{A+O}$，$p=1-q-r$。

三、实验仪器与材料

猪氟烷基因PCR-RFLP电泳数据资料、计算器或电脑。

四、实验方法

猪应激综合征是由常染色体上单隐性基因控制的一种遗传疾病，控制猪应激综合征的基因又称为氟烷基因。限制性片段长度多态性(RFLP)是一种共显性分子标记，利用PCR-RFLP技术能够检测猪氟烷基因，并可以根据其电泳图谱判断其基因型。对某猪群进行氟烷基因PCR-RFLP分析，检测到三种基因型NN、Nn、nn，结果见表12.1。

表12.1　猪氟烷基因PCR-RFLP电泳分析的基因型数据

基因型	观察数
NN	75
Nn	36
nn	13
合计	124

1. 计算基因频率

按下述公式计算显性基因(p)的频率和隐性基因(q)的频率。

$$p=\frac{2n_1+n_2}{2N},\ q=1-p$$

n_1：NN基因型个体数；n_2：Nn基因型个体数；N：个体总数。

$$p=\frac{2\times75+36}{2\times124}=0.75,\ q=1-p=1-0.75=0.25$$

2. 计算期望的基因型频率

按Hardy-Weinberg定律公式，根据所求得的基因频率，计算显性纯合子(NN)、杂合子(Nn)及隐性纯合子(nn)的期望基因型频率。

NN 的频率：$D=p^2=0.75^2=0.56$；Nn 的频率：$H=2pq=2\times0.75\times0.25=0.38$；nn 的频率：$R=q^2=0.25^2\approx0.06$

3. 计算各种基因型个体的期望值

将所求得的基因型频率与群体总数相乘，即得群体中各基因型个体的期望值，将结果填入表12.2。

$E_{NN}=0.56\times124=69$，$E_{Nn}=0.38\times124=47$，$E_{nn}=124-69-47=8$

表12.2　三种基因型的样本数及频率

基因型	期望频率	期望值(E)	实际观察数(O)
NN	0.56	69	75
Nn	0.38	47	36
nn	0.06	8	13
合计	1	124	124

4. 采用 χ^2 检验验证群体是否平衡

假设所在的群体是一个遗传平衡群体，对各基因型的期望值与实际观察值之间的吻合程度进行验证。可用 χ^2 检验，公式如下：

$$\chi^2=\sum\frac{(O-E)^2}{E}$$

O：实际观察值；E：预期理论值。

计算得到的 χ^2 值若小于 $\chi^2_{0.05}=3.84$，$df=1$（自由度等于表型数减去等位基因数），则说明期望值与实际观察值吻合，即该群体是一个遗传平衡群体。否则，该群体没有达到遗传平衡。

$$\chi^2=\frac{(75-69)^2}{69}+\frac{(36-47)^2}{47}+\frac{(13-8)^2}{8}=6.22$$

查表 $\chi^2_{0.05}=3.84$，$\chi^2>\chi^2_{0.05}$，$P<0.05$，差异显著，该群体预期理论值与实际观察值不吻合，表明该群体不是遗传平衡群体。

五、作业与思考

调查班级全体人员的发旋、前额发际、眼睑、耳垂、卷舌、食指与无名指长短、PTC 尝味能力和ABO 血型等性状，根据调查的实际数据，计算各个性状的等位基因和基因型频率，并进行遗传平衡分析。

实验十三　重复力的估算

一、实验目的

(1)掌握与数量性状重复力有关的概念及重复力估算的原理。

(2)掌握数量性状重复力的估算方法。

二、实验原理

重复力(Repeatability)是衡量一个数量性状在同一个体多次度量值之间的相关程度的指标。导致个体多次重复度量值相关的原因,除了个体基因效应外,个体所处的持久性环境效应也将对性状的终身表现产生相同的影响。此外,一些暂时的或局部的特殊环境因素只对个体性状的某次度量值产生影响,这种效应称为暂时性环境效应。当个体性状有多次度量时,这种暂时性环境效应对多次度量值的影响有大有小、有正有负,可以相互抵消一部分,从而可提高对个体性状生产性能估计的准确性。

从效应剖分来看,可以将环境效应(E)分为一般环境效应(Eg)和暂时性环境效应(Es)两个部分,即$E= Eg+Es$,因此$P=G+E=G+Eg+Es$。假定基因型效应、永久性环境效应和暂时性环境效应之间都不存在相关,可以将表型方差(V_P)分为$V_P = V_G + V_{Eg} + V_{Es}$,因此重复力($r_e$)可定义为:

$$r_e = \frac{V_G + V_{Eg}}{V_P} = \frac{V_G + V_{Eg}}{V_G + V_{Eg} + V_{Es}}$$

可见,重复力实际上就是以个体多次度量值为组的组内相关系数,因而其估算方法与组内相关系数的计算完全一致,组内相关系数也是通过计算变量方差和协方差得到的。通过推导,组内相关系数等于组间方差(σ_B^2)在总方差中占的比例,在方差分析中通常用组间方差和组内方差(σ_w^2)之和代替总方差。因此,重复力通常是在按个体分组后的单因素方差分析基础上计算的,计算公式如下:

$$r_e = \frac{\sigma_B^2}{\sigma_B^2 + \sigma_w^2} = \frac{MS_B - MS_W}{MS_B + (k-1)MS_W}$$

式中:MS_B为单因素方差分析中的组间均方;MS_W为单因素方差分析中的组内均方;k为每个个体的度量次数。当个体度量次数不相等时,可按下式计算平均有效度量次数(k_0):$k_0 = \frac{1}{n-1}(\sum k_i - \frac{\sum k_i^2}{\sum k_i})$。

三、实验仪器与材料

1. 实验材料

畜禽生产性能数据资料。

2. 实验器具

计算器或电脑。

四、实验方法

例:13头小梅山猪母猪各胎产仔数统计结果见表13.1,计算其产仔数的重复力。

表13.1　小梅山猪母猪各胎产仔数

母猪号	胎数											k_i	$\sum x_{ij}$	$\sum x_{ij}^2$
	1	2	3	4	5	6	7	8	9	10	11			
1	11	21	16	18	8							5	74	1206
2	10	15	17	13	20	21	23	17	16	20		10	172	3098
3	11	14	3	11	11	9	15					7	74	874
4	6	6										2	12	72
5	6	17	12	3	19	21	23	19	20			9	140	2570
6	8	11	12	13	13	14	18	18				8	107	1511
7	4	16	18	19	19	17	19	6	19			9	137	2365
8	9	5	2	18	15	3						6	52	668
9	13	19	20	14	8	13	13					7	100	1528
10	7	15	16	14	16	11	17	20	23			9	139	2321
11	15	18	15	17	24	17	15	21	17	8	6	11	173	2983
12	15	14	20	15	12	16	21	8	9	6		10	136	2068
13	12	19	19	18	24	11	15	15				8	133	2337
合计												101	1449	23601

本实验的计算方法是单因素方差分析,以Excel为平台演示计算步骤,也可以用函数型计算器分步完成。

1. 整理资料

将母猪各胎产仔记录(x_{ij})按照表格形式录入Excel中,利用各种计算函数,计算所需要的中间结果:

第1头母猪的产仔胎数记录, $k_1=5$

第1头母猪的所有胎次的产仔数总和, $\sum_{1j}=74$ 。

第1头母猪的所有胎次的产仔数平方和, $\sum x_{1j}^2=1206$ 。

其他母猪也同理计算。

$\sum k_i=101, \sum\sum x_{ij}=1449, \sum\sum x_{ij}^2=23601$,依次填入表13.1中。

2. 计算平方和、自由度、均方和 k_0

$$SS_T=\sum\sum x_{ij}^2-\frac{(\sum\sum x_{ij})^2}{\sum k_i}=23601-\frac{1449^2}{101}=2812.8713$$

$$SS_B=\sum\frac{(\sum x_{ij})^2}{k_i}-\frac{(\sum\sum x_{ij})^2}{\sum k_i}=\frac{74^2}{5}+\frac{172^2}{10}+\cdots+\frac{133^2}{8}-\frac{1449^2}{101}=621.6633$$

$$SS_W=SS_T-SS_B=2812.8713-621.6633=2191.2080$$

$$df_T=\sum K_i-1=101-1=100$$

$$df_B=N-1=13-1=12$$

$$df_w=df_T-df_B=100-12=88$$

$$MS_B=\frac{SS_B}{df_B}=\frac{621.6633}{12}=51.8053$$

$$MS_w=\frac{SS_w}{df_w}=\frac{2191.2080}{88}=24.9001$$

$$k_0=\frac{1}{n-1}(\sum k_i-\frac{\sum k_i^2}{\sum k_i})=\frac{1}{13-1}(101-\frac{5^2+10^2+7^2+\cdots+8^2}{101})=7.7112$$

3. 列方差分析表

将方差分析的结果列于表13.2。

表13.2 小梅山猪母猪产仔数方差分析表

变异来源	*df*	*SS*	*MS*
母猪间	12	621.6633	51.8053
母猪内	88	2191.2080	24.9001
总和	100	2812.8713	

4. 计算重复力

$$r_e=\frac{MS_B-MS_w}{MS_B+(k_0-1)MS_w}=\frac{51.8053-24.9001}{51.8053+(7.7112-1)\times24.9001}=0.1229$$

5. 显著性检验

$$\sigma_{re}=\frac{(1-r_e)\times[1+(k_0-1)r_e]}{\sqrt{0.5(n-1)k_0(k_0-1)}}=\frac{(1-0.1229)[1+(7.7112-1)\times0.1229]}{\sqrt{0.5\times12\times7.7112\times(7.7112-1)}}=0.0908$$

$$t=\frac{r_e}{\sigma_{re}}=\frac{0.1229}{0.0908}=1.3531$$

查t值表得到$t_{0.05(12)}=2.179$，因$t<t_{0.05(12)}$，所以估计的重复力不显著。

五、作业与思考

1. 根据表13.3中的资料，计算绵羊毛长的重复力。

表13.3 某绵羊群2～5周岁毛长 （单位：cm）

羊号	2周岁	3周岁	4周岁	5周岁	羊号	2周岁	3周岁	4周岁	5周岁
1	9.0	8.0	8.5	9.5	11	8.0	7.5	7.5	
2	8.0	7.0	7.0		12	9.0	9.0	8.0	8.0
3	8.0	9.0	9.0	8.0	13	7.5	7.5	7.0	
4	8.0	8.0	8.5	8.5	14	8.0	7.0	7.0	
5	7.0	7.5	8.0	7.0	15	7.5	9.0	8.0	8.0
6	8.5	9.0	8.0		16	7.0	8.0	7.0	
7	8.5	8.0	8.0	8.0	17	7.0	7.0	8.0	
8	8.0	8.0	8.0	7.0	18	7.5	6.0	8.0	
9	8.5	7.5	7.5	8.0	19	8.0	8.0	7.5	
10	7.0	7.5	6.5	7.0	20	7.0	8.0	6.0	

2. 在学校牧场测定30只鹌鹑连续15 d所产蛋的蛋重，计算鹌鹑蛋重的重复力。

实验十四　遗传力的估算

一、实验目的

(1)理解并掌握数量性状遗传力的概念。

(2)理解并掌握估算遗传力的方法。

二、实验原理

在数量性状遗传的研究中,遗传力是最重要的遗传参数之一,在育种值估计、选择指数的制订、选择反应预测、选择方法比较以及育种规划决策等方面都具有重要的作用。广义遗传力是数量性状表型方差(V_P)中遗传方差(V_G)所占的比值,即$H^2=\frac{V_G}{V_P}$;而狭义遗传力是数量性状育种值方差(V_A)占表型方差(V_P)的比例,通常所说的遗传力就是指狭义遗传力,简称遗传力,用公式表示为$h^2=\frac{V_A}{V_P}$。

遗传力估算的方法常用的有两种,即利用亲子资料和同胞资料进行估计,这里仅介绍半同胞相关法。根据通径原理,半同胞间的表型相关应为:

$r_{p_1p_2}=hr_Ah=r_Ah^2$

因此,$h^2=\frac{r_{p_1p_2}}{r_A}$

而半同胞间的遗传相关:$r_A=0.25$

$h^2=4r_{HS}$

r_A

A_1　R_1　A_2　R_2

h　h

P_1　P_2

半同胞表型相关的计算公式为:$r_{(HS)}=\frac{MS_B-MS_W}{MS_B+(n_0-1)MS_W}$

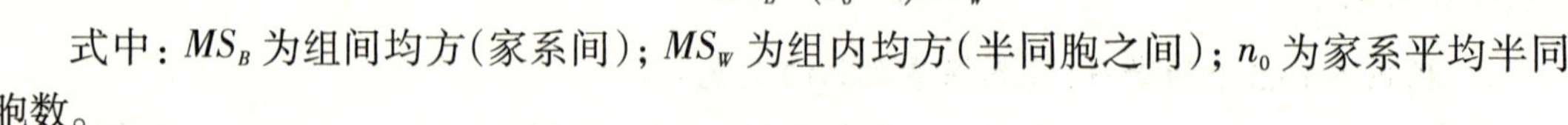

式中:MS_B为组间均方(家系间);MS_W为组内均方(半同胞之间);n_0为家系平均半同胞数。

遗传力的显著性检验采用t检验。

$$t=\frac{h^2}{\sigma_h^2}$$

$$\sigma_{r_{(HS)}}=\sqrt{\frac{2[1+(k_0-1)r_{(HS)}]^2(1-r_{(HS)})^2}{k_0(k_0-1)(n-1)}}$$

三、实验仪器与材料

1. 实验材料

畜禽生产性能资料数据。

2. 实验器具

计算器或电脑。

四、实验方法

例:4头荷斯坦公牛的女儿的乳脂率见表14.1,用半同胞组内相关估计遗传力,并检验其显著性。

表14.1 4头荷斯坦公牛的女儿乳脂率资料(%)

公牛	半同胞女儿乳脂率记录						
1	3.8	3.5	3.6	3.4	3.5		
2	3.3	3.4	3.7	3.2	3.5	3.4	
3	3.6	3.7	3.5	3.6	3.4	3.8	3.5
4	3.9	3.4	3.6	3.8	3.5		

1. 整理资料

以种公牛分组,将半同胞女儿记录列成表14.2的形式。

表14.2 4头荷斯坦公牛的23头女儿的乳脂率整理资料(%)

公牛	半同胞女儿乳脂率记录							k_i	$\sum x_{ij}$	$\sum x_{ij}^2$
1	3.8	3.5	3.6	3.4	3.5			5	17.8	63.46
2	3.3	3.4	3.7	3.2	3.5	3.4		6	20.5	70.19
3	3.6	3.7	3.5	3.6	3.4	3.8	3.5	7	25.1	90.11
4	3.9	3.4	3.6	3.8	3.5			5	18.2	66.42
总和								23	81.6	290.18

2. 计算平方和、自由度和均方

$$SS_T = \sum\sum x_{ij}^2 - \frac{(\sum\sum x_{ij})^2}{\sum k_i} = 290.18 - \frac{81.6^2}{23} = 0.6774$$

$$SS_B = \sum\frac{(\sum x_{ij})^2}{k_i} - \frac{(\sum\sum x_{ij})^2}{\sum k_i} = \left(\frac{17.8^2}{5} + \frac{20.5^2}{6} + \frac{25.1^2}{7} + \frac{18.2^2}{5}\right) - \frac{81.6^2}{23}$$

$$= 289.6591 - 289.5026 = 0.1565$$

$$SS_W = SS_T - SS_B = 0.6774 - 0.1565 = 0.5209$$

$$df_T = \sum k_i - 1 = 23 - 1 = 22$$

$$df_B = n - 1 = 4 - 1 = 3$$

$$df_W = df_T - df_B = 22 - 3 = 19$$

$$MS_B = \frac{SS_B}{df_B} = \frac{0.1565}{3} = 0.0522$$

$$MS_W = \frac{SS_W}{df_W} = \frac{0.5209}{19} = 0.0274$$

$$k_0 = \frac{1}{n-1}(\sum k_i - \frac{\sum k_i^2}{\sum k_i}) = \frac{1}{4-1}(23 - \frac{135}{23}) = 5.7101$$

3. 列方差分析表

将方差分析的结果列于表14.3中。

表14.3 乳脂率半同胞资料遗传力估计方差分析表

变异来源	df	SS	MS
公畜间	3	0.1565	0.0522
公畜内	19	0.5209	0.0274
总和	22	0.6774	

4. 计算遗传力估计值

$$r=\frac{MS_B-MS_W}{MS_B+(k_0-1)MS_W}=\frac{0.0522-0.0274}{0.0522+(5.7101-1)\times 0.0274}=0.1368$$

按家系分组的半同胞资料，求得的组内相关系数即半同胞的表型相关 $r_{(HS)}$。$\hat{h}^2=4r_{(HS)}=4\times 0.1368=0.5472$

5. 显著性检验，做出统计推断

$$\hat{\sigma}_{h^2}=4\sqrt{\frac{2(1-r_{(HS)})^2[1+(k_0-1)r_{(HS)}]^2}{(n-1)k_0(k_0-1)}}=0.8939$$

$$t=\frac{0.5472}{0.8939}=0.6121$$

由于$t<1$，估计遗传力极不显著，其主要原因是样本含量太少。

五、作业与思考

1. 某5头荣昌种猪的后代6月龄体重部分资料见表14.4，试求荣昌猪6月龄体重的遗传力并进行显著性检验，得出相应的结论。

表14.4 荣昌猪五个家系的半同胞部分资料 （单位：kg）

	1	2	3	4	5	6	7	8	9	10	11	12	13	14	15
1	63.5	67.4	70.5	72.0	68.3	60.4	65.8	68.4	65.8	59.0	66.0	63.5	68.9	65.0	55.6
2	59.0	63.2	67.4	57.5	65.9	65.5	68.5	66.5	60.0	77.0	66.0	67.0	72.5	65.0	64.0
3	69.0	65.5	68.4	68.5	65.8	67.0	65.8	67.5	65.5	68.0	67.5	58.9	67.0	62.5	63.5
4	67.5	68.9	64.4	65.0	65.8	67.0	65.8	70.5	70.0	63.0	62.5	65.5	65.5	66.5	
5	67.9	65.0	59.5	67.8	58.0	65.0	62.0	73.0	67.8	69.0	72.0	65.0	58.0		

2. 10只公鹌鹑的半同胞女儿蛋重资料见表14.5，计算鹌鹑蛋重的遗传力。

表14.5 鹌鹑蛋重资料 （单位：g）

公鹌鹑	1	2	3	4	5	6	7	8	9	10	11	12	13	14
1	10.4	10.7	10.5	11.7	11.2	11.7	10.9	10.2	10.2	10.2	10.2	10.1		
2	11.1	11.0	11.0	9.8	10.5	10.6	10.6	10.8	10.8	10.6	11.0	11.0		
3	10.4	10.3	10.1	10.3	9.8	10.2	10.4	9.9	10.3	11.6	11.3			
4	10.2	9.8	10.0	9.7	9.6	9.8	9.9	10.0	10.1					
5	9.8	9.5	10.3	10.0	10.2	10.4	10.4	10.1	10.5	10.0	10.5	10.4		
6	10.8	11.4	10.7	10.9	11.3	11.9	11.6	12.1	11.8	11.7	11.3			
7	11.5	10.1	10.2	10.4	10.4	10.8	10.8	10.9	10.8	10.8	10.6	10.2	10.6	10.4
8	9.2	9.9	10.1	9.8	10	11.1	9.8	10.1	10.6	10.2	10.8	10.1	9.9	9.7
9	10.7	10.4	10.7	10.6	10.3	10.7	10.8	10.5	10.1	10.3	10.8	10	10	
10	11.4	11.5	11.8	11.4	10.7	11.3	11.4	11.6	11.7	11.8				

3. 统计学校牧场养殖的家禽半同胞家系个体的开产日龄和体重，计算其开产日龄和体重的遗传力。

实验十五　遗传相关的估算

一、实验目的

(1)掌握利用半同胞资料估算遗传相关的方法。

(2)加深对数量遗传学参数中遗传相关的理解。

二、实验原理

畜禽个体在生长发育过程中形成了有机体各部分间或性状间的协调统一和相互联系，任何一种性状改变时都会引起其他性状发生相应的变化，性状间这种程度不同的联系称为相关，相关紧密程度用相关系数表示。同一个体不同性状表型值之间的相关称为表型相关，性状间的表型相关通常是由于遗传和环境两个因素造成的。环境条件造成的性状相关是在个体发育过程中受到相同环境影响而形成的，这种相关即为环境相关。性状间遗传相关($r_{A(xy)}$,即育种值相关)是由能稳定遗传的一些加性基因决定的。

遗传相关常常利用性状间的表型协方差来估算。根据资料来源不同，遗传相关估算一般采用两种方法：一是根据亲子关系估算遗传相关，二是根据同胞资料估算遗传相关。在实际工作中同胞资料用得较多，本实验仅介绍利用半同胞性状间的表型协方差估算遗传相关的方法。

根据半同胞关系来估算性状间遗传相关时，由于半同胞个体很多，需要计算公畜组内两性状方差组分和协方差组分来估算性状的遗传方差及它们间的遗传协方差。估算公式为：

$$r_{A(xy)}=\frac{MP_{B(xy)}-MP_{W(xy)}}{\sqrt{\left[MS_{B(x)}-MS_{W(x)}\right]\left[MS_{B(y)}-MS_{W(y)}\right]}}$$

三、实验仪器与材料

1. 实验材料

畜禽半同胞生产性能数据资料。

2. 实验器具

计算器或电脑。

四、实验方法

例：某一种羊场部分育成母羊的毛长与剪毛量资料见表15.1，估算毛长与剪毛量的遗传相关，并做显著性检验。

1. 整理资料

按父系分组整理资料，计算各组的$\sum x$、$\sum y$、$\sum x^2$、$\sum y^2$、$\sum xy$、$\frac{(\sum y)^2}{n_i}$、$\frac{\sum x\cdot\sum y}{n_i}$并累加，结果填入表15.1。

表 15.1 育种母羊的毛长和剪毛量记录资料

公羊	1		2		3	
同胞号	毛长(x/cm)	剪毛量(y/kg)	毛长(x/cm)	剪毛量(y/kg)	毛长(x/cm)	剪毛量(y/kg)
1	10.0	8.6	9.5	7.4	9.0	8.3
2	11.0	8.8	9.0	7.5	7.0	7.4
3	11.0	7.1	10.5	10.0	8.0	7.4
4	10.0	8.3	10.0	8.5	9.5	8.4
5	9.5	7.0	11.0	11.0	8.5	7.5
6	10.0	7.8	8.0	7.3	8.0	9.1
7	9.5	7.8	9.0	8.0	9.0	8.2
8	7.5	7.0	10.0	8.0	10.5	8.5
9	9.5	7.5	9.5	8.7	7.0	9.3
10	11.0	9.2	10.5	8.8	9.0	7.0
11	9.5	7.0	13.0	11.0	9.0	8.6
12	8.5	8.0	9.5	7.8	8.0	8.0
13	10.0	8.0	8.5	8.7	8.5	7.4
14	—	—	7.5	8.5	10.0	8.0
15	—	—	8.5	7.9	10.5	7.7
16	—	—	11.0	8.4	8.0	7.0
17	—	—	10.0	9.0	9.5	7.8
18	—	—	10.0	8.3	—	—
19	—	—	10.0	10.3	—	—
20	—	—	11.0	8.5	—	—
21	—	—	10.5	8.0	—	—
22	—	—	8.5	9.4	—	—
23	—	—	8.5	8.1	—	—
24	—	—	8.0	8.0	—	—
25	—	—	7.5	8.5	—	—
n_i	13	13	25	25	17	17
$\sum x$	127.0	—	239.0	—	149.0	—
$\sum y$	—	102.1	—	215.6	—	135.6
$\sum x^2$	1252.5	—	2325.0	—	1323.5	—
$\sum y^2$	—	808.27	—	1883.88	—	1088.86
$\sum xy$	1001.95	—	2078.60	—	1188.45	—

2. 计算平方和、乘积和及自由度

$$SS_{B(x)}=\sum\frac{(\sum x)^2}{k_i}-\frac{(\sum\sum x)^2}{\sum k_i}=\left(\frac{127.0^2}{13}+\frac{239.0^2}{25}+\frac{149.0^2}{17}\right)-\frac{515.0^2}{55}$$

$$=4831.4735-4822.2727=9.2008$$

$$SS_{B(y)}=\sum\frac{(\sum y)^2}{k_i}-\frac{(\sum\sum y)^2}{\sum k_i}=\left(\frac{102.1^2}{13}+\frac{215.6^2}{25}+\frac{135.6^2}{17}\right)-\frac{453.3^2}{55}$$

$$=3742.8215-3736.0162=6.8053$$

$$SS_{W(x)}=\sum\sum x^2-\sum\frac{(\sum x)^2}{k_i}=4901.0-4831.4735=69.5265$$

$$SS_{W(y)}=\sum\sum y^2-\sum\frac{\left(\sum y\right)^2}{k_i}=3781.01-3742.8215=38.1885$$

$$df_W=55-3=52$$

$$df_B=3-1=2$$

$$MS_{B(x)}=\frac{SS_{B(x)}}{df_B}=\frac{9.2008}{2}=4.6004$$

$$MS_{B(y)}=\frac{SS_{B(y)}}{df_B}=\frac{6.8053}{2}=3.4027$$

$$MS_{w(x)}=\frac{SS_{W(x)}}{df_W}=\frac{69.5265}{52}=1.3370$$

$$MS_{w(y)}=\frac{SS_{W(y)}}{df_W}=\frac{38.1885}{52}=0.7344$$

$$SP_{B(xy)}=\sum\frac{\sum x\cdot\sum y}{k_i}-\frac{\sum\sum x\cdot\sum\sum y}{\sum k_i}$$

$$=\left(\frac{127.0\times102.1}{13}+\frac{239.0\times215.6}{25}+\frac{149.0\times135.6}{17}\right)-\frac{515.0\times453.3}{55}$$

$$=4247.0686-4244.5364=2.5322$$

$$SP_{W(xy)}=\sum\sum xy-\sum\frac{\sum x\cdot\sum y}{k_i}$$

$$=(1001.95+2078.6+1188.45)-4247.0686=4269-4247.0686=21.9314$$

$$MP_{B(xy)}=\frac{SP_{B(xy)}}{df_B}=\frac{2.5322}{2}=1.2661$$

$$MP_{W(xy)}=\frac{SP_{W(xy)}}{df_W}=\frac{21.9314}{52}=0.4218$$

3. 列方差和协方差分析表

将方差和协方差分析的结果列于表15.2。

表15.2　育成母羊的羊毛和剪毛量方差协方差分析表

变异来源	df	毛长		剪毛量		毛长×剪毛量	
		平方和	均方	平方和	均方	乘积和	均积
公羊间	2	9.2008	4.6004	6.8053	3.4027	2.5322	1.2661
公羊内	52	69.5265	1.3370	38.1885	0.7344	21.9314	0.4218
总和	54	78.7273	—	44.9938	—	24.4636	—

4. 计算遗传相关

$$r_{A(xy)}=\frac{MP_{B(xy)}-MP_{W(xy)}}{\sqrt{[MS_{B(x)}-MS_{W(x)}][MS_{B(y)}-MS_{W(y)}]}}$$

$$=\frac{1.2661-0.4218}{\sqrt{(4.6004-1.3370)\times(3.4027-0.7344)}}=\frac{0.8443}{2.9509}=0.2861$$

五、作业与思考

1. 现有某奶牛场母牛12月龄体重(kg)和第一个乳期的产乳量(4%,kg)的部分资料(表

15.3)，试求该奶牛场母牛12月龄体重x与第一个泌乳期产乳量y的遗传相关。

表15.3　奶牛场母牛12月龄体重和第一个泌乳期产奶量　（单位：kg）

公牛号	1013		1216		1245	
女儿序号	体重(x)	产乳量(y)	体重(x)	产乳量(y)	体重(x)	产乳量(y)
1	364	5374.8	344	3987.2	377	5701.0
2	317	6313.8	330	4815.3	325	6014.2
3	319	4337.8	336	5197.4	324	5156.9
4	368	5363.7	352	5489.8	347	5874.9
5	307	6556.1	267	4736.5	324	6511.8
6	348	4364.6	315	4917.3		
7	381	4719.3				
8	367	4289.6				
9	343	5708.2				
10	351	5111.5				
11	353	4024.3				
12	393	5663.7				
13	365	4098.6				

2. 统计学校牧场的鹌鹑半同胞家系个体的开产日龄和体重，计算鹌鹑开产日龄和体重的遗传相关。

3. 利用学校牧场养殖的畜禽，根据上面介绍的方法，自行设计实验，并对亲本及后代数量性状进行统计分析，计算其遗传相关。

第四章　分子遗传学实验

实验十六　动物组织基因组DNA的提取

一、实验目的

(1)理解并掌握提取动物组织基因组DNA的原理和方法。

(2)掌握分子遗传学中各种仪器的使用方法和试剂的配制方法。

二、实验原理

DNA是遗传信息的载体,是分子生物学研究的主要对象。提取的基因组DNA通常用于构建基因组文库、Southern杂交、分子标记及PCR检测等方面。真核生物的DNA是以染色体的形式存在于细胞核内的,因此,真核生物的一切有核细胞(包括体外培养的细胞)都能用来提取基因组DNA。提取基因组DNA的原则是既要保持DNA分子的完整性,又要排除其他分子(如蛋白质、多糖、脂类、有机溶剂等)的污染,使下游实验顺利进行。从组织中提取DNA必须先将组织分散成单个细胞,然后破碎胞膜及核膜,使染色体释放出来,同时去除与DNA结合的组蛋白及非组蛋白。提取的一般过程是将分散好的组织细胞在含SDS(十二烷基硫酸钠)和蛋白酶K的溶液中消化分解蛋白质,再用酚/氯仿/异戊醇抽提分离蛋白质,得到的DNA溶液经乙醇沉淀使DNA从溶液中析出。

SDS是一种阴离子去污剂,可溶解细胞膜,裂解细胞,使蛋白质变性、染色体解体,使组织蛋白与DNA分离;EDTA(乙二胺四乙酸二钠)则抑制细胞中DNase(脱氧核糖核酸酶)的活性;蛋白酶K的重要特性是能在SDS和EDTA存在的条件下保持很高的活性,可将蛋白质降解成小肽或氨基酸,使DNA分子完整地分离出来;氯仿可使蛋白质变性并有助于水相和有机相的分离,异戊醇有助于减少抽提过程中泡沫的形成;饱和酚的pH应接近8.0,这样可以减少离心后水酚双相的交界面(主要是蛋白质)上的DNA滞留,有利于在下一步吸出水相时不带动界面中的蛋白质,若饱和酚的pH太低,DNA也会溶于有机相中;乙醇沉淀处理则可以浓缩DNA,同时去除核苷酸、氨基酸以及低分子量的寡核苷酸和肽。

三、实验仪器与材料

1. 实验材料

新鲜或冷冻的动物组织,如肌肉、肝脏等。

2. 实验器具

高速冷冻离心机、组织匀浆器或剪刀、高压蒸汽灭菌锅、恒温水浴锅、微量移液器、磁力搅拌器、超净工作台、电子天平、低温冰箱、酸度计、1.5 mL EP管、移液枪、吸头(10 μL 、200 μL 、1 mL)等。

3. 实验药品

SDS、EDTA、蛋白酶K、Tris-饱和酚(三羟甲基氨苯甲烷-饱和酚)、盐酸、氯仿、异戊醇、无水乙醇。常用试剂配制方法：

（1）1 mol/L Tris-HCl缓冲液：在800 mL超纯水中溶解121.1 g Tris碱，加入浓HCl调节pH至8.0，加超纯水定容至1000 mL，分装后高压灭菌。

（2）0.5 mol/L EDTA（pH 8.0）：称取乙二胺四乙酸二钠（EDTA-2Na·$2H_2O$）18.61 g，NaOH约2 g，加水至80 mL，在磁力搅拌器上剧烈搅拌，完全溶解后定容至100 mL，高压灭菌。

（3）TE缓冲液（pH 8.0）：在50 mL超纯水中加入1 mol/L Tris-HCl 1 mL，0.5 mol/L EDTA 200 μL，定容到100 mL，高压灭菌。

（4）10%SDS（10%十二烷基硫酸钠）：称取SDS（电泳级纯）2 g，加超纯水20 mL，加热至68 ℃助溶，加HCl调pH至7.2。

（5）蛋白酶K（20 mg/mL）：在100 mL灭菌超纯水中加入2 g蛋白酶K，分装后-20 ℃保存。

（6）酚/氯仿/异戊醇溶液：将50 mL Tris-饱和酚、48 mL氯仿、2 mL异戊醇相混合，置于棕色瓶中4 ℃保存。

（7）70%乙醇：量取70mL无水乙醇，加入30 mL灭菌水，4 ℃保存。

（8）5×TBE缓冲液：54 g Tris，27.5 g 硼酸，EDTA-2Na·$2H_2O$ 4.65 g（或20 mL 0.5 mol/L EDTA（pH 8.0）），加去离子水后搅拌溶解，将溶液定容至1000 mL，高温高压灭菌，4 ℃保存。

四、实验方法

（1）剪取绿豆大小的动物组织，放在1.5 mL EP管中用剪刀反复剪碎（或置于组织匀浆器中），直到成为匀浆为止。

（2）加入TE 400 μL，蛋白酶K（20 mg/mL）5 μL，10%的SDS 40 μL，混匀组织液，在50 ℃～56 ℃的恒温水浴锅中水浴3 h，不时旋动溶液。

（3）在温育后的组织液中加入等体积的Tris饱和酚，盖严管盖，上下颠倒20 min使两相充分混合，然后12 000 rpm 4 ℃离心10 min。

（4）取上清液，再用Tris饱和酚抽提一次。

（5）取上清液，加入等体积的酚/氯仿/异戊醇（25∶24∶1，$V:V:V$）上下颠倒20 min，12 000 rpm 4 ℃离心10 min。

（6）取上清液，加入氯仿200 μL，上下颠倒20 min，12 000 rpm 4 ℃离心10 min。

（7）取上清液，加入2倍体积的无水预冷乙醇沉淀DNA，-20 ℃过夜。

（8）12000 rpm 4 ℃离心20 min，小心倒掉上清液。

（9）加入1 mL 70%乙醇洗涤沉淀，12 000 rpm离心15 min，室温干燥（不要太干，否则DNA不易溶解）。

（10）加入200 μL TE，置于4 ℃或-20 ℃冰箱保存备用。

五、作业与思考

1. 采集畜禽组织样品，提取基因组DNA，并对实验结果进行分析。

2. DNA提取液中各成分的作用是什么？提取DNA应注意哪些事项？

实验十七 琼脂糖凝胶电泳检测DNA

一、实验目的

(1)学习和掌握琼脂糖凝胶电泳法检测DNA的基本原理。

(2)掌握琼脂糖凝胶电泳法检测DNA的方法。

二、实验原理

琼脂糖凝胶电泳是常用的用于分离、鉴定核酸分子的方法,琼脂糖是从琼脂中提取的一种多糖,具有亲水性,但不带电荷,是一种很好的电泳支持物。琼脂糖凝胶具有网络结构,凝胶孔径的大小决定于琼脂糖的浓度。DNA分子在琼脂糖凝胶中泳动时,有电荷效应与分子筛效应。DNA分子在高于等电点的pH溶液中带负电荷,在电场中向正极移动。不同的DNA,其分子量大小及构型不同,在电场中的泳动速率不同,小而紧密的DNA分子比大而伸展的DNA分子容易穿过分子筛介质,因此所受阻力小,泳动速率高,分子量越大的DNA分子泳动时受到的阻力越大,电泳时的泳动速率慢,根据这个原理可将其分开。

GoldView核酸染料是一种可代替溴化乙锭(EB)的新型核酸染料,其灵敏度高,无毒无致癌作用,采用琼脂糖凝胶电泳检测DNA时,GoldView与核酸结合后能产生很强的荧光信号,在紫外灯下双链DNA呈现绿色荧光,因此,可利用GoldView对凝胶中的DNA进行染色。

三、实验仪器与材料

1. 实验材料

提取的DNA样品。

2. 实验器具

电泳仪、电泳槽、电子天平、高压蒸汽灭菌锅、凝胶成像系统、微波炉、微量移液器、烧杯、量筒、三角锥形瓶、10 μL吸头等。

3. 实验药品

Tris、盐酸、硼酸、EDTA、琼脂糖、6×DNA Loading Buffer、氢氧化钠、GoldView、DNA Maker。

试剂配制:

(1)EDTA贮存液(0.5 mol/L,pH 8.0):186.1 g EDTA-Na_2·$2H_2O$加入800 mL去离子水中,剧烈搅拌,用NaOH调节pH至8.0(约需20 g NaOH颗粒),定容到1 L,高压蒸汽灭菌,4 ℃保存。

(2)5×TBE电泳缓冲液:54 g Tris,27.5 g硼酸,20 mL 0.5 mol/L EDTA(pH 8.0),定容到1 L,常温保存。

四、实验方法

1. 安装凝胶槽

将凝胶槽洗净,晾干,放在水平的工作台上,插上样品梳。

2. 制备琼脂糖凝胶

称取1 g琼脂糖粉末溶于装有100 mL 1×TBE电泳缓冲液的三角锥形瓶中,置于微波炉中加热至完全融化，取出摇匀。

3. 加核酸染料

待琼脂糖溶液冷却至60 ℃左右(不烫手)后，加入5 μL GoldView核酸染料，轻轻摇匀(按100 mL TBE缓冲液加入5 μL GoldView核酸染料比例进行添加)。

4. 灌胶

将琼脂糖溶液倒入插好样品梳的电泳槽水平板中，厚度为3~5 mm，注意避免产生气泡。

5. 加电泳缓冲液

待凝胶完全凝固后，拔出梳子，将凝胶放入电泳槽，加入1×TBE缓冲液使液面恰好没过胶面约1 mm。

6. 加样

将DNA样品与DNA上样缓冲液按5∶1混匀后，用微量移液器将混合液加到加样孔中，每槽加3~6 μL，同时在另一凝胶加样孔中加入DNA Maker作为参照，记录样品的加样次序。

7. 电泳

安装好电极导线，加样孔一端接负极，另一端接正极，打开电源，调电压至5 V/cm，电泳30~60 min，当溴酚蓝转移到凝胶的2/3处时，停止电泳。

8 .观察

取出凝胶，在254 nm的紫外灯下观察，有绿色荧光条带的位置，即为DNA条带，或在凝胶成像系统中照相观察。

注意事项：

(1)胶厚度不宜超过0.5 cm，胶太厚会影响检测的灵敏度。

(2)加入GoldView的琼脂糖凝胶反复融化可能会对核酸检测的灵敏度产生一定影响，但不明显。

(3)GoldView在pH 3.6~7.0时能更好地与核酸结合，因此电泳时最好使用新鲜的电泳缓冲液。

(4)由于GoldView溶液酸性较强，因此对皮肤、眼睛会有一定的刺激，操作时应戴手套。

(5)凝胶中所加缓冲液应与电泳槽中的相一致，避免pH不同影响检测结果。溶解的凝胶应及时倒入板中，避免倒入前凝固结块，倒入板中的凝胶应避免出现气泡，影响电泳结果。

五、作业与思考

1. 观察基因组DNA琼脂糖凝胶电泳结果，用凝胶成像系统拍照，并对实验结果进行分析。

2. 在实验过程中，加样孔应靠近正极还是负极？为什么？

3. DNA电泳后，在凝胶成像系统上观察到凝胶上有的条带拖尾严重，有的连条带都没有，可能是什么原因？

实验十八　动物组织总RNA的提取及鉴定

一、实验目的

（1）掌握Trizol法提取动物组织总RNA的原理与方法。

（2）学习并掌握用琼脂糖凝胶电泳法检测RNA的完整性及质量。

二、实验原理

RNA存在于细胞质及核中，是一种极易降解的核酸分子。Trizol是一种新型的总RNA即用型制备试剂，适用于从各种组织或细胞中快速分离总RNA。Trizol的主要成分是苯酚，主要作用是裂解细胞，使细胞中的蛋白、核酸解聚得到释放。苯酚虽可有效地使蛋白质变性，却不能完全抑制RNA酶（RNase）活性，因此Trizol中还加入了8-羟基喹啉、β-巯基乙醇、异硫氰酸胍等来抑制内源和外源RNase。0.1%的8-羟基喹啉可以抑制RNase，与氯仿联合使用可增强抑制作用；β-巯基乙醇是抗氧化剂，主要破坏RNase蛋白质中的二硫键，同时可以有效地防止酚氧化成醌，避免褐变；异硫氰酸胍属于解偶剂，是一类强力的蛋白质变性剂，可溶解蛋白质，并使蛋白质二级结构消失，细胞结构降解，核蛋白迅速与核酸分离。

利用Trizol试剂能快速抽提动物组织总RNA，在匀浆和裂解过程中，能在破碎细胞、降解细胞其他成分的同时保持RNA的完整性。在Trizol完全裂解细胞后加入氯仿，酚会大量地溶解在氯仿中。由于DNA和RNA在酸性酚中的溶解性不同，造成DNA分布在下层的氯仿酚溶液中，RNA则分布在上层的水相中，最后用异丙醇沉淀水相中的RNA，并用70%乙醇洗涤沉淀，这样就可以得到比较纯净的总RNA。

三、实验仪器与材料

1. 实验材料

-80 ℃超低温冰箱保存或液氮保存的畜禽组织（肌肉、肝脏等）。

2. 实验器具

冷冻高速离心机、微量移液器、凝胶成像系统、分光光度计、旋涡混合仪、磁力搅拌器、超净工作台、家用微波炉、普通电冰箱、高压蒸汽灭菌锅、烧杯、量筒、三角锥形瓶、锡箔纸、研钵、1.5 mL EP管、吸头（10 μL、200 μL、1000 μL）、液氮等。

3. 实验药品

Trizol试剂、GoldView核酸染料、6×RNA Loading Buffer、DEPC、Tris、EDTA、琼脂糖、硼酸、无水乙醇、氯仿、异丙醇。

试剂配制：

（1）0.1% DEPC水：1000 mL去离子水中加入1 mL DEPC，磁力搅拌器混匀，37 ℃处理过夜，高压蒸汽灭菌后，用于各种RNA相关试剂的配制。

（2）75%乙醇：750 mL无水乙醇中加入250 mL 0.1% DEPC水，混匀。

（3）5×TBE缓冲液：在烧杯中加入54 g Tris碱、27.5 g硼酸、20 mL 0.5 mol/L EDTA，再用去离子水将溶液定容至1 L，并将pH调至8.0，高压蒸汽灭菌，4 ℃保存备用。

四、实验方法

(一)RNA的提取

(1)先在研钵中加入液氮,再将剪成小块的组织在液氮中磨成粉末,用预冷的药匙取50~100 mg组织粉末加入已盛有1 mL Trizol液的EP管中(注意组织粉末总体积不能超过所用Trizol体积的10%)。

(2)将EP管在漩涡混合仪上振荡5 min,使组织粉末与Trizol液混匀,然后室温放置5 min,使样品充分裂解。

(3)4 ℃ 12 000 rpm离心5 min,取上清于另一新的无RNase EP管中。

(4)加入200 μL氯仿,盖紧管盖,旋涡震荡混匀并静置10 min,4 ℃ 12 000 rpm离心15 min。

(5)小心吸取上层水相移至另一EP管中(千万不要将中间的沉淀层和下层液混入,否则重新离心分离),加入500 μL预冷异丙醇,颠倒混匀,室温静置15 min,4 ℃ 12 000 rpm离心10 min,在管底可见胶状RNA沉淀,小心弃去上清。

(6)加入4 ℃预冷的75%乙醇1 mL,漩涡混合仪上混匀,4 ℃ 12000 rpm离心5 min,弃上清。重复操作一次。

(7)把离心管短暂离心,用移液器吸去管壁上的液体,待RNA自然干燥后,加入50 μL去RNase水,RNA溶解后-70 ℃冻存备用。

(二)总RNA质量检测

1. 琼脂糖凝胶电泳检测

按照实验十七的方法,利用琼脂糖凝胶电泳对RNA进行质量检测。

取3 μL RNA样品,用1%琼脂糖凝胶220 V电泳8 min,并用凝胶成像系统拍照分析。凝胶上应出现三个条带:离点样孔最远的条带是5S rRNA,中间为18S rRNA,离点样孔最近的条带为28S rRNA。若28S rRNA和18S rRNA条带明亮、清晰、条带锐利(指条带的边缘清晰),没有杂带和拖尾现象,且28S rRNA条带亮度约为18S rRNA的两倍,认为RNA质量较好,否则表示RNA样品发生了降解。出现弥散片状或条带消失表明样品降解严重。

2. 总RNA的纯度测定

对具有完整条带(未降解)的总RNA进行OD_{260}/OD_{280}值的测定,OD_{260}/OD_{280}比值是衡量RNA样品中蛋白质污染程度的指标。测定方法:取总RNA原液1 μL,加入99 μL DEPC水,混匀后在核酸蛋白分析仪中测定A_{260}和A_{280}处的OD值,OD_{260}/OD_{280}值在1.8~2.0表示RNA纯度较好。低于1.8,说明蛋白质被污染或苯酚残留严重。

3. 总RNA的浓度测定

取一定量的RNA提取物,用RNase-free水稀释n倍,用RNase-free水将分光光度计调零,取稀释液进行OD_{260}测定,按照以下公式进行RNA浓度的计算:终浓度(ng/mL)=$OD_{260} \times n$(稀释倍数)×40。

所用工具均需要高压蒸汽灭菌。

(三)注意事项

(1)尽可能在实验室专门隔离出RNA操作区,离心机、移液器、试剂等均应专用。RNA操作区应保持清洁,并定期进行除菌。

(2)操作过程中应始终戴一次性橡胶手套和口罩,并经常更换,以防手掌、手臂上的细菌和真菌以及人体自身分泌的RNase进入各种容器内或污染用具。DEPC水是一种致癌物,应小心吸取,避免溅到皮肤上或污染实验台及物品。

(3)所有的玻璃器皿均应在使用前于180 ℃的高温下干烤6 h或更长时间。无法用DEPC处理的用具可用氯仿擦拭若干次,消除RNase的活性。

(4)尽量使用一次性的塑料制品,避免共用器具,如吸头、EP管等,以防交叉污染。一次性塑料制品,建议使用厂家供应的出厂前已经灭菌的。若是未灭菌和去RNase的,需要用DEPC水处理。塑料器皿可用0.1% DEPC水浸泡或用氯仿冲洗(注意:有机玻璃器具因可被氯仿腐蚀,故不能用氯仿处理)。

(5)有机玻璃的电泳槽等,可先用去污剂洗涤,双蒸水冲洗,乙醇干燥,再在3% H_2O_2中室温浸泡10 min,然后用0.1% DEPC水冲洗,晾干。

(6)配制的溶液应尽可能地用0.1% DEPC水在37 ℃条件下处理12 h以上,然后用高压蒸汽灭菌除去残留的DEPC水。不能高压蒸汽灭菌的试剂,应当用DEPC水处理过的无菌双蒸水配制,然后经0.22 μm滤膜过滤除菌。

五、作业与思考

1. 提取动物组织样品的总RNA,并对提取的RNA进行鉴定分析。
2. 防止RNA降解的措施有哪些?RNA提取过程中的注意事项有哪些?
3. 分析RNA获得率低的原因。

实验十九 聚合酶链式反应(PCR)

一、实验目的

(1)掌握PCR的原理与基本操作技术。

(2)掌握PCR仪的使用方法。

(3)掌握PCR产物的琼脂糖凝胶电泳检测方法。

二、实验原理

聚合酶链式反应(Polymerase Chain Reaction)简称PCR,是20世纪80年代中期发展起来的一种体外快速扩增特异DNA片段的技术。PCR是在DNA聚合酶催化下,以母链DNA为模板,以特定引物为延伸起点,通过变性、退火、延伸等步骤,体外复制出与母链模板DNA互补的子链DNA的过程。它具有特异性强、灵敏度高、操作简便、省时等特点,目前PCR技术已用于生物科学的许多领域,在基因扩增、基因克隆、DNA分子多样性分析、疾病诊断、突变检测、基因表达分析等方面得到了广泛的应用。

PCR技术的基本原理类似于DNA的天然复制过程,其特异性依赖于与靶序列两端互补的寡核苷酸引物。PCR由变性—退火—延伸三个基本反应步骤构成(图19.1):①模板DNA的变性:模板DNA经加热至93 ℃左右一定时间后,DNA双链或经PCR扩增形成的双链DNA解开成为单链,便于与引物结合,为下轮反应做准备;②模板DNA与引物的退火(复性):模板DNA经加热变性成单链后,温度降至55 ℃左右,引物与模板DNA单链的互补序列配对结合;③引物的延伸:DNA模板—引物结合物在72 ℃、DNA聚合酶(如*Taq*DNA聚合酶)的作用下,以dNTP为反应原料,以靶序列为模板,按碱基互补配对与半保留复制原理,合成一条新的与模板DNA链互补的半保留复制链。每一循环经过变性、退火和延伸,DNA含量增加一倍,重复循环变性—退火—延伸三个过程就可获得更多的“半保留复制链”,而且这种新链又可成为下次循环的模板。每完成一个循环需2~4 min,2~3 h就能将待扩目的基因扩增放大几百万倍。

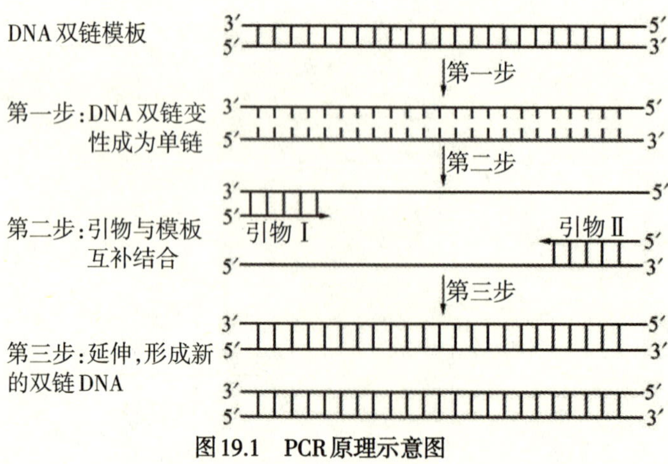

图19.1 PCR原理示意图

三、实验仪器与材料

1. 实验材料

DNA样品。

2. 实验器具

PCR仪、微量移液器、小型高速离心机、电泳仪、电泳槽、凝胶成像系统或紫外透射仪、超净工作台、旋涡振荡器、微波炉、电子天平、吸头(10 μL、200 μL)、0.2 mL PCR管、吸头盒。

3. 实验药品

引物、Mg^{2+}、10×Buffer、dNTPs、*Taq*DNA聚合酶、ddH_2O。

四、实验方法

1. PCR反应体系

参加PCR反应的物质主要有引物、酶、dNTP、模板和缓冲液、Mg^{2+}。在一个灭菌的0.2 mL PCR离心管中,依次加入表19.1中的溶液,振荡混匀,瞬时离心。

表19.1　PCR反应体系

试剂及浓度	体积
10×Buffer	2.5 μL
2 mmoL/L dNTPs	2.5 μL
25 mmoL/L Mg^{2+}	1.5 μL
10 pmoL/μL 上游引物	1 μL
10 pmoL/μL 下游引物	1 μL
100 ~ 200 ng/μL　模板DNA	1 μL
*Taq*DNA聚合酶	0.25 μL
补加双蒸水或三蒸水至	25 μL

2. 设置PCR反应程序

按照以下程序设置PCR的反应条件。

	温度	时间	
	94 ℃	5 min	
35个循环	94 ℃	45 s	35个循环
	58 ℃	45 s	
	72 ℃	1 min	
	72 ℃	10 min	
	4 ℃	∞	

注意:退火温度与时间不是固定的,取决于引物的长度、碱基组成及其浓度,还有靶基因序列的长度。PCR延伸反应的时间,可根据待扩增片段的长度而定,一般1 kb以内的DNA片段,延伸时间1 min是足够的。3 ~ 4 kb的靶序列需3 ~ 4 min;扩增10 kb需延伸至15 min。延伸时间过长会导致非特异性扩增带的出现。对低浓度模板的扩增,延伸时间要稍长些。

3. 上样,启动反应程序

将加好样品的PCR反应管放入PCR仪中,启动PCR的反应程序。

4. PCR扩增产物的电泳检测

PCR结束后，利用琼脂糖凝胶电泳检测PCR扩增产物，实验方法参见实验十七。另外，每排孔需加一份DNA Marker作参照，以判断PCR产物的大小。

5. 凝胶成像分析

电泳结束后，在凝胶成像系统上进行观察，判断分析PCR扩增产物的片段大小和特异性，并照相保存。正常情况下这种扩增产物只有一条已知长度的DNA扩增带。

五、作业与思考

1. PCR中加入的引物、酶、dNTP、缓冲液、Mg^{2+}的作用分别是什么？若PCR扩增产物出现拖带、涂抹带或多个条带，其可能的原因是什么？

2. PCR的反应条件如何确定？分析PCR扩增中的注意事项。

3. 以猪的基因组DNA为模板扩增氟烷基因片段，并对实验结果进行分析。

第二部分　家畜育种学实验

实验一　畜禽品种的分类与识别

一、实验目的

（1）熟悉畜禽品种的分类。

（2）了解我国著名的地方畜禽品种、培育品种和引进品种的主要种质特点及其不同类型品种的生产性能。

二、实验原理

（一）畜禽品种的分类

1. 根据培育的程度分类

（1）原始品种：是在农业技术水平较低，长期缺乏有意识的选种选配工作，受自然条件影响较大，饲养管理繁育技术水平不高的条件下形成的品种。例如：蒙古牛，产于蒙古高原地区，气候恶劣，夏季酷暑，冬季严寒缺草料，该品种终年放牧，由于长期受自然选择的影响，形成了蒙古牛晚熟，个体小，被毛长而粗硬，体质粗壮结实，耐粗耐劳，适应性强，抗病力强，生产力低但全面的特点。在我国，原始品种中还有哈萨克牛、蒙古马、蒙古羊等。原始品种对当地自然环境有较好的适应性，是培育能适应当地条件而又高产的新品种所必需的原始材料。如中国的三河牛和草原红牛都是以蒙古母牛为基础群育成的。

（2）培育品种：是指有明确的育种目标，经过较系统的人工选种选配而培育成的畜禽品种。这类品种集中了特定的优良基因，具有专门化的生产方向及较高的生产性能和育种价值。这类品种培育过程中受自然环境的影响较小，对饲养管理条件要求较高，适应性、抗病力及抗逆性不及原始品种。培育品种的多少，标志着一个国家畜牧业的生产水平与生产技术的高低。各种专门化的奶牛、肉牛、肉羊、瘦肉型猪、蛋鸡、肉鸡、肉鸭都属于培育品种。我国的培育品种有中国荷斯坦牛、新疆细毛羊、哈白猪、三江白猪、三黄鸡、北京鸭等，我国还从国外引进了西门塔尔牛、荷斯坦牛、安格斯牛、杜洛克猪、长白猪、来航鸡等培育品种。

（3）过渡品种：它具有培育品种和原始品种两个类型的特征，个体与个体间差异较大，在条件较好的地区，个体较大，生长发育快，而在条件较差的地区，个体较小，生产力低，生长发育较慢。如关中驴在陕南个体较大，在陕北的个体就小。我国的狼山鸡、伊犁马、湖羊等就属于过渡品种。

2. 根据品种的主要用途分类

(1)生产力专门化的品种

瘦肉型猪:如长白猪、约克夏猪、杜洛克猪、皮特兰猪等;

脂肪型猪:如宁乡猪、八眉猪等;

腌肉型猪:如金华猪、大河猪等;

乳用牛:如荷斯坦牛、中国荷斯坦牛、娟姗牛等;

肉用牛:如利木赞牛、安格斯牛、夏洛来牛等;

役用牛:如延边牛、涪陵水牛等;

毛用羊:如美利奴羊、波列华斯羊等;

羔皮用羊:如湖羊、卡拉库尔羊等;

乳用羊:如萨能羊、成都黄羊等;

蛋用鸡:如白来航鸡、罗曼蛋鸡等;

肉用鸡:如白洛克鸡、九斤黄鸡等。

(2)具有综合生产力的品种——兼用品种

牛:乳肉兼用品种,如蜀宣花牛、三河牛、草原红牛等。

羊:毛肉兼用品种,如新疆细毛羊、高加索羊等。

猪:肉脂兼用品种,如哈尔滨白猪、苏联大白猪等。

家禽:肉蛋兼用品种,如澳洲黑鸡、芦花鸡等。

3. 根据品种的体型外貌分类

(1)按体型的大小分类:

大型品种:如重挽马等;

中型品种:如蒙古马等;

小型品种:如云南矮马等。

(2)按角的有无分类:

有角品种:西门塔尔牛、荷斯坦牛等;

无角品种:安格斯牛等。

(3)按毛色或羽色分类:

白毛或白羽品种:长白猪、大白猪、白来航鸡等;

黑毛或黑羽品种:梅山猪、雅南猪等。

花斑或芦花羽品种:荷斯坦牛、荣昌猪、芦花鸡等。

(二)品种的识别

人们对畜禽遗传资源进行保护和利用是以对品种的识别为前提的。作为一个品种应具备以下条件:具有较高的经济价值,来源相同,性状及适应性相似,遗传性能稳定,具有一定的遗传结构和足够的数量,被品种协会承认。因此,畜禽品种应从原产地、外貌特征、生产性能表现等多个方面进行识别。我国的畜禽品种资源丰富,在这里我们仅选择了我国部分畜禽地方品种、培育品种和引进品种进行简单介绍。

表1-1　我国部分畜禽地方品种、培育品种和引进品种

种	品种	类别	原产地	主要特征	生产用途
猪	太湖猪	地方品种	江浙太湖流域	被毛黑或青灰色，繁殖力最强，产仔数量最多。	肉脂兼用
	荣昌猪	地方品种	重庆、四川	被毛白色，两眼四周或头部有大小不等的黑斑，适应性强，肉质优良，鬃白质好。	肉脂兼用
	内江猪	地方品种	四川	全身被毛黑色，繁殖力好，适应性强，杂交配合力好。	肉脂兼用
	金华猪	地方品种	浙江	全身被毛中间白，头颈、臀尾黑，成熟早，肉质好，繁殖率高。	脂肉兼用
	长白猪	引进品种	丹麦	全身为白色，鼻子较长且耳朵下垂，产仔数多，生长发育快，胴体瘦肉率高，但抗逆性差。	腌用
	约克夏猪	引进品种	英国	全身为白色，耳朵直立竖起，背膘薄，瘦肉多，肉质好，繁殖力高。	腌用
	杜洛克猪	引进品种	美国	毛色棕红，体质结实，生长速度快，饲料转化率高，耐粗性能强。	腌用
牛	秦川牛	地方品种	陕西	毛色紫红色或红色，五大优秀地方良种牛之首，瘦肉率高，大理石纹明显。	役肉兼用
	南阳牛	地方品种	河南	毛色有黄、红、草白三种，肉质细，役用性能及适应性能好。	役肉兼用
	鲁西牛	地方品种	山东	毛色多黄褐、赤褐，挽力大而能持久，肉质良好。	役肉兼用
	三河牛	培育品种	内蒙古自治区	毛色为红（黄）白花，产奶性能好，耐粗饲，耐寒，抗病力强。	乳肉兼用
	安格斯牛	引进品种	英国	黑色或红色无角，体躯矮而结实，肉质好，出肉率高。	肉用
	西门塔尔牛	引进品种	瑞士	毛色为黄白花或淡红白花，乳、肉用性能均较好，适应性强，耐粗饲。	乳肉兼用
	中国荷斯坦牛	培育品种	中国	毛色为黑白花，产奶量高，性情温顺，易于管理，耐寒不耐热。	乳用
	娟姗牛	引进品种	英国	毛色为深浅不同的褐色，体型小，性情温顺，乳脂率较高，乳脂黄色，风味好。	乳用
	九龙牦牛	地方品种	四川	被毛黑色，吻周灰白色，体型大，肉用性能好，毛绒产量高，驮力好。	役肉兼用
	涪陵水牛	地方品种	重庆	被毛多为青色与黄褐色，性情温驯，生长发育快，使役早。	役用
	摩拉水牛	引进品种	印度	被毛黝黑，产奶性能强，耐粗饲，耐热，抗病能力强。	乳用
羊	湖羊	地方品种	浙江、江苏	被毛全白，适应性强，生长快，成熟早，繁殖率高，是世界著名的多胎绵羊品种，初生羔皮花纹美观，著称于世。	羔皮用
	滩羊	地方品种	宁夏	被毛白色，以生产二毛裘皮而著称，羊毛富有光泽和弹性，体质坚实，适应荒漠、半荒漠地区。	裘皮用
	南江黄羊	培育品种	四川	被毛黄色，生长发育快，产肉性能好，适应性强，耐粗饲，肉质细嫩，板皮品质优。	肉用
	新疆细毛羊	培育品种	新疆	被毛白色，采食性好，生活力强，耐粗饲，是我国育成的第一个细毛羊品种。	毛肉兼用
鸡	寿光鸡	地方品种	山东	全身黑羽，体型硕大，蛋大，耐粗饲，觅食能力强，肉质鲜嫩，营养丰富。	肉蛋兼用
	丝羽乌骨鸡	地方品种	江西、福建	“十全”特征：桑葚冠、缨头、绿耳、胡须、丝羽、乌皮、乌肉、乌骨、五爪、毛脚。	药用、观赏
	白来航鸡	引进品种	意大利	全身羽毛白色，成熟早，无就巢性，产蛋量高而饲料消耗少。	蛋用
	洛岛红鸡	引进品种	美国	羽毛深红色，尾羽黑色，体躯肌肉发达，体质强健，适应性强，产蛋和产肉性能均好。	蛋肉兼用
鸭	北京鸭	培育品种	北京	羽毛白色，生长发育快，产蛋多，肉用性能优良，肉肥味美。	肉用
鹅	狮头鹅	地方品种	广东	羽毛灰褐色或银灰色，成年鹅的头型如狮头，生长迅速，成熟早，肌肉丰厚，肉质优良，极耐粗饲，食量大。	肉用

全世界的畜禽品种很多,在这里,仅选择几个具有代表性的品种进行较详细的介绍。

(1)太湖猪:产于江浙地区太湖流域,依产地不同分为二花脸、梅山、枫泾、嘉兴黑和横泾等类型。

体型外貌:太湖猪体型中等,被毛稀疏,毛色全黑或青灰色,也有四蹄或尾尖为白色的。头大额宽,额部和后躯有明显皱褶,体躯较长,背腰微凹,腹大下垂,皮肤多呈紫红色。耳特大,软而下垂,耳尖可达到甚至超过嘴角,形如烤烟叶。四肢粗壮,臀部稍高,乳头8~9对。成年公猪体重140~190 kg,母猪100~170 kg。

繁殖性能:太湖猪以高繁殖性能蜚声世界,是我国乃至全世界猪种中繁殖力最强的一个品种。太湖猪性成熟早,公猪40~60日龄就有爬跨行为,4月龄左右精子成熟,母猪初情期为60~90日龄。初产平均每胎12头,二产14~15头,经产母猪每胎平均16头以上,最高纪录产过42头。仔猪初生重为0.7~1.6 kg。60日龄断奶窝重140~200 kg。公猪利用年限一般为3~4年,母猪为4~5年。

(2)秦川牛:原产于渭河流域(北部),主要分布于陕西省渭南、宝鸡、咸阳等地所属县区,以临渭区、大荔、富平、合阳、蒲城、凤翔、岐山、扶风、麟游、乾县、彬县、淳化、旬邑等地为中心产区。

体型外貌:秦川牛属较大型的役肉兼用品种。体格较高大,骨骼粗壮,肌肉丰满,体质强健。头部方正,肩长而斜。胸部宽深,肋长而开张。背腰平直宽长,长短适中,结合良好。荐骨部稍隆起,后躯发育稍差。四肢粗壮结实,两前肢相距较宽,蹄叉紧。公牛头较大,颈厚薄适中,鬐甲低而窄。角短而钝,多向外下方或向后稍弯。毛色为紫红、红、黄色三种。角呈肉色,蹄壳分红、黑和红黑相间三种颜色。

生产性能:经育肥的18月龄秦川牛平均屠宰率为58.3%,净肉率为50.5%。肉细嫩多汁,大理石纹明显。秦川母牛泌乳期为7个月,平均泌乳量715.8 kg,乳脂率4.70%,乳蛋白质率4.00%。公牛最大平均挽力为475.9 kg,占体重的71.7%,经常挽力为活重的18%。

繁殖性能:秦川母牛常年发情。在中等饲养水平下,初情期为9.3月龄。成年母牛发情周期20.9 d,发情持续期平均39.4 h。妊娠期平均285 d,产后第一次发情约53 d。秦川公牛一般12月龄性成熟,2岁左右开始配种。

(3)九龙牦牛:主要产于四川省甘孜藏族自治州的九龙县及康定县南部的沙德区,中心产区位于九龙县境内九龙河西之大雪山东西两侧的斜卡和洪坝,邻近九龙县的四川省凉山彝族自治州的木里藏族自治县、盐源县和冕宁县,以及雅安市的石棉等县均有分布。

体型外貌:额宽头较短,额毛丛生卷曲,公母有角,角形开张,角间距大。四肢、胸前、腹侧裙毛着地,全身被毛多为黑色,少数黑白相间。颈粗短,鬐甲稍高,有肩峰,胸极深,背腰平直,后躯较短,发育不如前躯。尻欠宽而略斜,尾根着生低,尾短,四肢相对较短。九龙牦牛成年公牛平均体高139.8 cm,母牛118.8 cm。成年公牛平均体重359.3 kg,母牛平均274.8 kg。

生产性能:据测定,九龙牦牛屠宰率公牛为53.6%,母牛为47%;净肉率公牛为42%,母牛为36.8%;骨肉比公牛为1:3.8,母牛为1:3.9;眼肌面积公牛为42.5 cm^2,母牛为28.8 cm^2。平均泌乳期为153 d,产奶量约为350 kg,日平均挤奶为2.3 kg,乳脂率为5%~7.5%。九龙牦牛

每年5～6月剪毛一次，平均剪毛量为1.7 kg，毛的产量根据个体、年龄、性别、产地的不同而有差异，公牦牛产毛量随年龄的增大而增加；母牦牛1～2岁产毛量最高，3岁以上随年龄的增长而降低；阉牦牛的年龄变化对产毛量的影响较小。九龙牦牛极度耐劳，善于翻越高山陡坡，一般每头阉牦牛可驮载70～80 kg，日行20～25 km，可持续15～20 d。

繁殖性能：九龙牦牛性成熟年龄为24～36月龄，公牦牛初配年龄48月龄，母牦牛初配年龄36月龄，6～12岁繁殖力最强，一般3年2胎。九龙牦牛为季节性发情，每年7月进入发情季节，8月是配种旺季，发情持续期一般是8～24 h，发情周期为19～21 d，妊娠期为255～270 d，翌年3月开始产犊，5月为产犊旺季。初生公犊15 kg左右，母犊14 kg左右。

（4）新疆细毛羊：新疆细毛羊是中国培育成的第一个毛肉兼用细毛羊品种。

体型外貌：新疆细毛羊体躯深长、结构良好、体质结实。公羊大多有螺旋形大角，鼻梁微隆起，颈部有1～2个完全或不完全的横皱褶。母羊无角，鼻梁呈直线形，颈部有1个横皱褶或发达的纵皱褶，体躯无皱。胸部宽深，背腰平直，后躯丰满，肢势端正，被毛白色。成年公羊平均体重为88.0 kg，母羊为48.6 kg。

生产性能：新疆细毛羊适应性强，耐粗饲，放牧抓膘性能好，增重快，产肉性能良好，成年羯羊平均体重为65.6 kg，屠宰率平均为49.5%，净肉率为40.8%。新疆细毛羊周岁公、母羊剪毛量平均为4.9 kg和4.5 kg；成年公、母羊剪毛量平均为11.6 kg和5.2 kg。周岁公、母羊羊毛长度为7.8 cm和7.7 cm；成年公、母羊羊毛长度为9.4 cm和7.2 cm。新疆细毛羊净毛率为48.1%～51.5%。

（5）北京鸭：是世界著名的优良肉用鸭品种，具有生长发育快、育肥性能好的特点，是闻名中外"北京烤鸭"的制作原料。

体型外貌：北京鸭体型硕大丰满，体躯呈长方形，前部昂起，与地面约呈30°角，背宽平，胸部丰满，胸骨长而直，两翅较小而紧附于体躯。尾短而上翘，公鸭有3～4根卷起的性羽。产蛋母鸭因输卵管发达而腹部丰满，显得后躯大于前躯，腿短粗，蹼宽厚。全身羽毛丰满，羽色纯白并带有奶油光泽；喙、胫、蹼呈橙黄色或橘红色，母鸭开产后喙、胫、蹼颜色逐渐变浅，喙上出现黑色斑点，随产蛋期的延长，斑点增多，颜色加深。

生产性能：雏鸭初生重为58～62 g，3周龄为600～700 g，7周龄为1 750～2 000 g，9周龄为2 500～2 750 g，150日龄为2 750～3 000 g。成年公鸭体重3.5～4.0 kg，母鸭3.0～3.5 kg。填鸭的半净膛屠宰率公鸭为80.6%，母鸭为81.0%；全净膛屠宰率公鸭为73.8%，母鸭为74.1%。开产日龄为160～170 d，年产蛋200～240个，蛋重85～92 g，蛋壳白色。

三、实验仪器与材料

1. 实验材料

制作的国内外畜禽品种的幻灯片、畜禽照片、标准的动物模型。

2. 实验器具

电脑、投影仪。

四、实验方法

1. 通过不同畜禽品种的幻灯片观察各品种的特征。

2. 利用标准的畜禽模型,进一步识别典型品种的特征。

3. 利用学校牧场养殖的畜禽,进行品种的分类与认识。

五、作业与思考

1. 影响畜禽品种形成的因素有哪些?

2. 畜禽品种分类有几种方法?各有何特点?

3. 认识你所在学校牧场养殖的畜禽品种,并描述其外貌特征、生产性能和主要优缺点。

4. 列出三个你较熟悉或你家乡所拥有的畜禽品种的外貌特征、生产性能、经济类型及主要优缺点。

实验二　家畜部位的识别与体尺测量

一、实验目的

(1)通过部位识别,掌握家畜体表各部位的名称、起止范围、外部形态和内部结构,为体尺测量和外形鉴定打好基础。

(2)掌握家畜各体尺的测量方法。

二、实验原理

家畜是由各个不同器官系统构成的有机整体,为了满足实践上的需要,将家畜体表划分为不同的部位并对其加以描述和相互区别。家畜的各个部位都是以骨骼、肌肉及内部器官等为基础的,各自都有一定的外形特征,并反映一定的内部器官定位与机能特点。不同类型的家畜因生产目的不同,不同的组织、器官和系统的发育程度不同,因而其外貌上有较大差别,主要表现在与其生产目的相关的组织、器官和系统发育充分,而其他的部位则发育较差。在家畜育种中,通常将一个个体从整体分为头部、颈部和躯干部,进行部位识别就是按照由前向后的顺序依次对各个部分包含的重要部位进行认识和了解。

体尺即家畜某一部位的长或宽的度量,它不仅能反映机体某一部位和整体的大小,而且能反映各部位及整体的发育情况。体尺测量可以了解各部位及整体的生长发育情况,估计内部器官的发育是否正常良好,从而检验饲养管理等技术措施,制订改进的方案。每个品种或品系的家畜在体尺上都有一定的要求,代表其品种特征。因此,在育种工作中,体尺也是一个选种与鉴定品种特征的指标。家畜在不同的生长发育阶段,各部位的发育是不平衡的,其体尺也就具有各自的特点。外貌和生产性能是相关的,在一定程度上,体尺测量是外貌的量化,由此可估测家畜的生产性能。

三、实验仪器与材料

1. 实验材料

学校牧场养殖的猪、牛、羊等家畜。

2. 实验器具

测杖、卷尺、圆形测定器。

四、实验方法

(一)部位识别

外形鉴定的重要部位有:头、颈、鬐甲、背、腰、尻、胸、腹、乳房、四肢、蹄等。现分述如下:

1. 头部

以角根或耳根的后侧到下颚后缘的连线与颈部分界,包括以下部位:

(1)额:以额骨为基础,上自两角根或两耳根连线,下至两眼内角连线。两角根连线的最高处称额顶,牛即为枕骨脊所在处,马在此处着生鬣毛。

(2)鼻镜:为一光滑湿润无毛的部位,分布在鼻孔周围,为牛等所特有。猪因其鼻孔与上唇均在同一平面上,故称鼻喙(鼻吻)。

(3)下颚:以下颚骨为基础。二下颚间的凹陷部分称颚凹,亦称槽口。

(4)脸(颜面):上至两眼连线,下连鼻镜,两侧与颊相连,其中央为明显隆起的鼻梁。

(5)颐:是指位于马下唇下前方的圆形隆起部位。

2. 颈部

以鬐甲前缘到肩端的连线与前躯分界,主要部位包括:

(6)颈脊:是颈上缘的隆起肥厚部分,为公牛的第二性征之一。马的颈上缘称鬣床,着生鬣毛。

(7)垂皮:为牛颈下缘的游离皮肤,借以增加散热面积。细毛羊的此部位有发达的纵皱褶。

3. 前躯

以前肢诸骨为基础,以肩胛软骨后缘到肘端的连线与中躯分界,主要部位包括:

(8)前胸:为向前突出于两前肢间的胸部。

(9)鬐甲:是介于颈背之间的隆起部位。它以脊椎的中间几个棘突为基础,两侧与肩胛软骨上缘相连。

(10)肩:以肩胛骨为基础,在体躯的两侧。役畜的肩与颈接合处叫"挽床"。乳牛的肩胛后方,常有一微凹的地方叫"肩窝"。

(11)肩端:为肩关节的体表部位,即前躯两侧下方向前突出的部位。

(12)上膊:以上膊骨为基础,位于肩端之下后方。

(13)肘端:以肘关节的尺骨头为基础,为前躯两侧向后突出的部位。

(14)前膊:以桡骨和尺骨为基础,是介于肘和腕之间的体表部位。马在四肢此部位的内侧各有一块角质附生物叫"附蝉"。驴只在前肢内侧处才有。

(15)腕(前膝):是腕关节的体表部位。

(16)管:是以大掌骨为基础的体表部位。

(17)球节:是以管下的关节为基础的体表部位。马在球节下后方有一丛长毛叫"距毛"。牛、羊、猪则在此处有两个角质退化的指骨叫"悬蹄"。

(18)系:位于球节和蹄之间,以四肢的系骨为基础。

4. 中躯

以腰角前缘到膝关节的连线与后躯分界,主要部位包括:

(19)背:以最后6~8个脊椎为基础,是指从鬐甲到腰部的体表部位,两侧与肋相连。"背线"则是指由鬐甲至尾根的全长。

(20)胸:以肋骨为基础,位于中躯两侧。

(21)腰:以腰椎为基础,无肋骨相连。

(22)肷(腰窝):是肋骨后、腰角前、腰椎下的无骨部分,呈三角形。肉用家畜因皮下脂肪发达,该部位与肋平齐,故合并称之为体侧。

(23)腹:是整个腹腔的体表部位。

(24)胁(腋):是体躯与四肢相连的下凹处,可分前胁与后胁。

(25)乳静脉：是腹下两条由左右乳房到乳井进入胸腔的静脉。乳牛此静脉粗而弯曲。

(26)乳井：为乳静脉进入胸腔的两个凹陷部位，乳牛的乳井大而深。

5. 后躯

中躯后面的部分，主要部位包括：

(27)乳房：是母畜乳腺组织的体表部位。牛和骆驼的乳房下有4个乳头，马和羊2个，猪一般在12个以上。

(28)乳镜：位于阴户下的两股间，乳牛此部位大而有细微皱纹。

(29)腰角：以肠骨外角为基础，它是后躯两侧突出的棱角。两腰角连线与背线相交处，称为“十字部”。

(30)臀角：是髋关节的体表部位。

(31)臀端(坐骨端)：位于肛门两侧，以坐骨结节为基础。

(32)尻：位于后躯之上，以荐椎为基础。它以腰角、臀角和臀端的连线与大腿分界。

(33)大腿：以股骨为基础，上接尻，前连肷，是肌肉最多之处。大腿之后，乳镜两侧，半膜肌的体表部位称“臀”。

(34)膝(后膝)：是膝关节的体表部位。

(35)小腿：以胫、腓骨为基础的体表部位，位于膝之下，飞节之上。

(36)飞节：为跗关节的体表部位。飞节后方的突起部分称“飞端”。

(37)尾：以最前一个可以自由活动的尾椎为起点。牛尾末端有许多长毛称“尾帚”。

(二)体尺测量

家畜体表各部位，不论是长度、宽度、高度和角度，凡用数字表示其大小者均称为体尺。体尺种类很多，测量多少可根据具体目的和畜种而定。

1. 体高(鬐甲高)

鬐甲顶点至地面的垂直距离。将测杖主尺垂直立于家畜左前肢附近，再将上端横尺平放于鬐甲的最高点(横尺与主尺须成直角)，即可读出主尺上的刻度。

2. 背高

用测杖测量背部最低点至地面的垂直距离。

3. 尻高(荐高)

用测杖测量荐骨的最高点到地面的垂直距离，表示家畜后躯高度的生长。

4. 臀端高(坐骨端高)

用测杖测量臀端上缘到地面的垂直距离。

5. 前肢高

马是用测杖量取肘端上缘至地面的垂直距离。也可用鬐甲高减去胸深来表示，但必须加以注明。

6. 体长(体斜长)

体长是肩端前缘到臀端后缘的直线距离。用测杖和卷尺均可测量，前者测的数值比后者略小一些，故在此体尺后面应注明所用量具。对猪来说则是用卷尺量取两耳连线中点到尾根的水平距离。

7. 头长

用卷尺或圆形测定器测量额顶至鼻镜上缘(牛等)或鼻端(马)的直线距离。

8. 颈长

用卷尺量取由枕骨脊中点到肩胛前缘下1/3处的距离。

9. 尻长

用测杖或圆形测定器量取腰角前缘到臀端后缘的直线距离。

10. 胸宽

将测杖的两横尺夹住两侧肩胛后缘下面的胸部最宽处,便可读出其宽度。

11. 额宽

有两种测量方法,较多测量的是最大额宽。

(1)最大额宽:用测杖或圆形测定器量取两侧眼眶外缘间的直线距离。

(2)最小额宽:用测杖或圆形测定器量取两侧颞颥外缘间的直线距离。

12. 腰角宽

用测杖或圆形测定器量取两腰角外缘间的水平距离。表示后躯的发育程度。

13. 臀端宽(坐骨结节宽)

用圆形测定器量取两臀端外缘间的水平距离。对母畜该体尺的鉴定特别重要,可借以知其骨盆的容积,从而推断该个体分娩的难易。

14. 胸深

用测杖量取鬐甲至胸骨下缘的垂直距离。测量时将测杖倒转,沿肩胛后缘的垂直切线,将上下两横尺夹住背线和胸骨下缘,并使之保持垂直位置。

15. 头深

用圆形测定器量取两眼内角连线中点到下颚下缘的垂直距离。

16. 胸围

用卷尺在肩胛后缘处测量的胸部周径。此体尺是家畜胸部发育的重要指标,与胸宽、胸深一起说明胸部的发育和健康状况。

17. 腹围

用卷尺量取腹部最大处的周径,较多用于测量猪。

18. 管围

用卷尺量取管部最细处的水平周径,其位置一般在掌骨上1/3处。它表示四肢骨的发育程度,对鉴定役畜很重要。

19. 腿臀围(半臀围)

用卷尺由左侧后膝前缘突起,绕经两股后面,至右侧后膝前缘突起的水平半周。该体尺一般用于肉用家畜,表示腿臀部肌肉的发育程度。

(三)注意事项

(1)测量之前要检查和校正测量工具的准确性。

(2)接触家畜应胆大心细,态度温和,从家畜的左前方接近,切忌从后方突然接近。

(3)被测量的家畜站立姿势应正确,若姿势不正,可使其前进或后退以调整。头部不能

偏高或偏低，四肢要垂直立在同一水平面上。

(4)测量的部位起止点务必正确，读数要准，动作要迅速。

(5)测量时注意测定器具的松紧程度，使其紧贴体表，不能悬空量取。

五、作业与思考

1. 对学校牧场养殖的家畜各部位进行识别，并测量猪、牛、羊的各项体尺，并对测量结果进行记录。

2. 绘出猪、乳牛、羊的外形轮廓图，并标出各个部位的名称。

实验三　家畜体质外形的观察

一、实验目的

(1)掌握不同用途家畜的外形特点。

(2)观察不同体质类型家畜的外部表型。

(3)识别不同发育受阻类型家畜的特点。

二、实验原理

家畜外形部位的要求因畜种、用途不同而各有差异,因此,不同用途的家畜其外形特征各不相同。体质是有机体机能和结构的综合表现,根据骨骼、皮肤、皮下结缔组织、肌肉及内脏的发育情况,把家畜体质分为两对相对性状:细致与粗糙,紧凑与疏松。细致型和粗糙型是两种相对不同的体质,其最大区别在于皮肤的厚薄和骨骼的粗细;皮肤的厚薄,可从颈部、体侧、耳壳和乳房等部位去观察和触摸;骨骼的粗细,则可从头部、管部和尾根等部位去观察。细致型的典型表现是:皮薄而有弹性,血管、筋腱和关节外露明显,颈与乳房上有许多细微皱纹,耳壳较薄,头清秀,角细小,管骨和尾根较细,角和蹄致密而有光泽,被毛细而柔软。粗糙型正好与之相反。紧凑型与疏松型也是两种相对不同的体质,其最大区别在于,皮下结缔组织的多少和肌肉、骨骼的坚实程度。典型的疏松型表现为皮下结缔组织极为发达,皮下、内脏及肌肉间容易沉积大量脂肪,骨质疏松,皮肤松弛,外形轮廓不清晰。紧凑型与疏松型正好相反。

在生产实践中,由于饲养管理或其他原因,引起家畜生长发育受阻,这时不仅体重减轻或停止增长,外形和组织器官也会产生相应的变化。发育受阻可能发生在出生前或出生后,发育受阻的时间不同,其外部形态也会不同。

三、实验仪器与材料

学校牧场养殖的猪、牛、羊。

四、实验方法

(一)不同用途家畜外形特点的观察

1. 乳用家畜外形特点的观察

乳用家畜的外形特点是:全身清瘦,棱角突出,体大肉不多;后躯较前躯发达,中躯较长,体型呈三角形。乳牛各部位的具体要求是:头清秀而长,角细而光滑;颈长有细皱纹,胸深长,肋扁平,肋间宽,背腰宽平,腹圆大,皮薄而有弹性,皮下脂肪不发达,被毛光滑,乳房前伸后延,容积大,乳头垂直呈圆柱形,大小均匀,乳静脉粗大而弯曲。

2. 肉用家畜外形特点的观察

肉用家畜的外形特点是:体躯宽广低矮,肌肉和皮下结缔组织发育良好;头小而短,颈粗短,肩宽广,与躯体结合良好,没有明显缺陷;胸宽且深,背腰平直,宽广而多肉;后躯宽广丰满,肌肉一直延伸到飞节处;四肢短小,皮肤松软有弹性,毛细短,体形呈圆筒形或长方形。

3. 毛用家畜外形特点的观察

绵羊的外形特点是：全身被毛密度大，皮肤有弹性，头较宽大，颈中等长，细毛羊头毛着生齐眉，颈上通常有1～3个完全或不完全的横皱褶；胸宽肋圆拱，背腰平直，四肢长而结实，姿势正直。

4. 役用家畜外形特点的观察

役用家畜的外形特点是：骨骼发达，个体魁梧健壮，体重较大，肌肉发达，结实有力，皮厚而有弹性；头粗重，颈短粗，鬐甲低；胸宽深，前躯发达，躯干宽广，前高后低；四肢相对短粗，重心较低；蹄大且正，步态稳健。

5. 乘用家畜外形特点的观察

乘用型马的外形特点是：身高且瘦，体窄而深，四肢稍长；皮薄有弹性，毛短有光泽，血管外露，筋腱明显，肌肉结实有力；体高与体长接近相等，前中后三躯也接近相等；头清秀，颈细长，鬐甲高长，背腰短平，肩长而斜，胸部深长但窄，尻平长；四肢端正，关节明显，蹄大小适中，质地坚实；精神活泼，行动灵活，运步较快。

6. 不同性别家畜外形特点的观察

一般公畜比母畜体大且雄壮刚强，骨骼、肌肉及前躯较发达，头短宽具有雄相。性器官及第二性征明显不同。公猪的头较宽短，犬齿及整个前躯较母猪发达，鬃毛较粗，肩部皮厚而硬。公牛头较母牛粗重，额宽大，角较粗，颈短粗，颈脊发达，胸宽深，前躯特别发达，后躯相对较弱，四肢粗壮，性情粗暴；母牛头长而清秀，颈细长，中躯及后躯发育较好。公羊角较粗大，母羊一般无角，有也较小；公羊毛较粗长，含油汗多。公马头粗大，颈粗厚，有悍威，前躯亦较发达，鬃、鬣及尾毛较长。公畜去势后，第二性征不明显，其外形大多介于两性之间，但具体差异与去势年龄及去势时间长短有一定关系。

(二)不同体质类型的识别

1. 家畜的体质类型

(1)细致紧凑型。这类家畜的骨骼细致而结实，头清秀，角蹄致密有光泽，肌肉结实有力。皮薄有弹性，结缔组织少，不易沉积脂肪，外形清瘦，轮廓清晰，新陈代谢旺盛，反应敏感灵活，动作迅速敏捷。

(2)细致疏松型。这类家畜的结缔组织发达，全身丰满，皮下及肌肉内易积储大量脂肪，肌肉丰满，同时骨细皮薄。体躯宽广低矮，四肢比例小。

(3)粗糙紧凑型。这类家畜的骨骼虽粗，但很结实，体躯魁梧，头粗重，四肢粗大，骨骼间相互靠得较紧，中躯显得较短而紧凑，肌肉筋腱强而有力，皮厚毛粗，皮下结缔组织和脂肪不多。它们的适应性和抗病力较强，神经敏感程度呈中等。

(4)粗糙疏松型。这类家畜的骨骼粗大，结缔组织疏松，肌肉松软无力，易疲劳，皮厚毛粗，神经反应迟钝，繁殖力和适应性均差，是一种最不理想的体质。

(5)结实型。这种类型的家畜体躯各部协调匀称，皮、肉、骨骼和内脏的发育程度适中。骨骼坚强而不粗，皮紧而有弹性，厚薄适中，皮下脂肪不过多，肌肉相当发达。外形健壮结实，性情温顺，对疾病抵抗力强，生产性能也表现较好。这是一种理想的体质类型，种用家畜应要求具有这种体质。

2. 家畜体质类型的识别

当识别一头家畜的体质类型时，可从以下外部表现着手：

(1)注意头部的大小和形状。

(2)了解头骨和四肢骨的发育情况，因这些部位暴露在外而易于看清。

(3)判断被毛、皮肤和皮下结缔组织的发育情况，特别是绵羊的被毛、皮肤，更是识别体质类型的重要依据。

(4)注意整体结构的匀称性、胸部的发育、背腰和四肢的坚实度以及神经活动类型等方面的情况。

在识别各种体质类型的同时，一定还要注意其有无过度发育的表现。如有，即会导致健康减退，生产力降低。过度细致紧凑的表现是：身体单薄，骨很细，头颈窄长，鬐甲尖窄，胸窄而浅，背腰窄而软，尻尖而斜，皮薄毛细，耳薄而透明，体小晚熟，生活力差，杂交代数过高的杂种易出现这种情况。过度细致疏松的虽易长肥，但偏于软弱，对饲养管理要求较高。过度粗糙紧凑的虽健壮，但生产力低，理应是杂交改良的对象。过度粗糙疏松的，易患病和不育。

(三)不同发育受阻类型的判断

1. 胚胎型

由于生前发育受阻，从出生直至成年，仍具有头大体矮、尻部低、四肢短、管骨较细、关节粗大等胚胎早期的特征。该类型个体较正常发育者小。

2. 幼稚型

由于生后营养不良，使体躯的长度、深度和宽度的发育受阻，成年后仍具有躯短肢长，胸浅背窄，后躯高耸等幼龄时期的特征。

3. 综合型

生前生后都营养不良，使以上两种类型的部分特征都兼而有之，特点是体躯短小，体重不大，晚熟，生产力低。

五、作业与思考

1. 在学校牧场的乳牛舍，按下表“乳牛外形观察记录表”的要求，分别对所指定的乳牛认真进行观察评定，所得结果可直接在表内划线表示，如营养一项，自己认为该牛应属中等，则在“中等”二字下划一横线，如此逐项进行直至结束。

表3.1　乳牛外形观察记录表

品种______，牛号______，毛色______，年龄______，特征______	
营养：良好、中等、不良	肷：大、小，饱满、凹陷
毛皮：毛粗、细，疏、密；皮厚、薄，松、紧	乳房：大、小，四方形、漏斗形，腺乳房、肉乳房，结合良、不良
头：粗笨、清秀	乳头：长、短，粗、细，圆锥形、圆柱形
颈：长、短，厚、薄	乳静脉：粗、细，有弯曲、无弯曲
鬐甲：宽、窄，高、低	乳井：大、小，深、浅
胸：深、浅，宽、窄，长、短	四肢：长、短，粗、细，关节明显、关节不明显
背胸：平、凹、凸，宽、窄，长、短	肢势：正常、外弧、内弧
尻：平、斜，宽、窄，长、短	蹄：正常、不正常
腹：大、小，草腹、卷腹	乳用型特征：明显、不明显
肋间距离：宽、窄	

2. 按表3.2"体质类型观察记录表"要求，分别对所指定的家畜，认真进行逐项观察，观察结果同样用划线的方法表示，最后判断是何体质类型。

表3.2　体质类型观察记录表

观察项目	外貌特征
皮肤	厚、薄，松、紧，弹性强、弱，颈与乳房有细微皱纹、颈与乳房无细微皱纹
头部与角蹄	大、小，粗笨、清秀，致密、疏松，角蹄有光泽与裂纹、角蹄无光泽与裂纹
四肢与关节	粗大、中等，干燥、湿润，关节有明显突出、关节无明显突出
肌肉与筋腱	肌肉结实、松软，粗大、中等，有明显突出、无明显突出
外部轮廓	有棱角、无棱角，体表丰满、体表不丰满
结缔组织	发达、不发达，皮下脂肪沉积多、皮下脂肪沉积少
被毛	长、短，粗、细，疏、密，有光泽、无光泽

3. 观察指定家畜，详细判断其是否发育正常。如为发育受阻，应说明是何受阻类型，并提出根据。

实验四　家畜家禽的摄影

一、实验目的

初步掌握摄影技术，并熟悉畜禽摄影的基本要求。

二、实验原理

对畜禽摄影的目的在于能真实反映畜禽各品种所具有的特征，丰富畜禽相关内容和知识，便于传播和交流。如果拍摄的畜禽照片与实际有很大出入，也就失去了科学上的意义。畜禽照片要从畜牧学的观点来进行衡量。目前，一般采用数码照相机拍摄畜禽照片。数码照相机是在传统照相机放胶片的位置上，安放CCD（Charged coupled device，电荷耦合器）或CMOS（Complementary metal-oxide-semiconductor，互补金属氧化物半导体）芯片，利用其可接受的光信号并将其转化为电信号，在外加扫描信号的作用下传输出去，最后经过各种运算，转换为图像的数字信号来完成拍摄任务的。数码照相机同电脑紧密联系，因此拍摄的数码照片可以通过电脑进行后期处理，比如对照片的色彩、明暗对比度、亮度等进行调整，还可以对拍摄的照片进行剪接、旋转和尺寸调整。

三、实验仪器与材料

数码相机、家畜和家禽个体若干。

四、实验方法

（一）拍摄畜禽照片的基本要求

要拍摄好畜禽照片，首先必须对被拍摄的品种有一个充分的了解，全面认识该品种的遗传特点；拍摄前再明确本品种要反映的几个基本特征。在此基础上，再进行拍摄知识的学习。这样，拍摄的照片就能够准确地反映该品种的基本情况。

照片的数量要求：每个品种要有公、母、群体照片各两张，如有不同品系（或不同年龄）的品种，每种必须附上2张合格的照片，对特殊地理条件下生长的品种，还须附上能反映当地地理环境的照片2张以上。

必须在冲洗出的照片反面写清楚品种名称、性别、拍摄日期和种畜场名称、拍摄者姓名等；数码拍摄的照片要有相关配套文件说明；照片正面不要携带年月日等其他信息。

（二）相机的选择

畜禽品种照片的取得采用两种方法，一是使用数码相机，将照片的数据直接保存在电脑中，供编辑修改用；另一种是通过照片的扫描，将数据保存在电脑上使用。

相机的性能是拍好照片的基本条件，拍照用的数码相机必须具备调焦、电子显光等功能，同时图像的精度要求是800万像素以上。在拍摄时将效果放在高精度格上，这样拍摄照片的内存会在2.2 MB以上，基本可供使用。

(三)拍摄前准备工作

1. 最好在自然光下拍摄

选在天气晴朗、光线充足的室外进行拍摄，但假如条件限制必须在室内进行，那也要选择在晴朗的白天进行，让室内拥有足够的光线。如果上述条件都不允许的话，那只能使用闪光灯了，但使用相机内置的闪光灯，其效果一般都并不理想，更重要的一点是在使用内置闪光灯之前，一定要打开相机的“防红眼”功能，否则拍出的动物便个个都像兔子一样有“红眼”。只要有可能，拍摄都尽量不要安排在室内进行。

2. 拍摄对象附近没有阻碍物阻挡

要避免出现拍摄对象身体被部分遮挡的现象，如草丛、树枝遮挡等，另外需要注意的是畜禽的蹄或爪，地面较软或因其他原因可能造成畜禽的蹄或爪拍摄不出应有的效果，这是家畜禽照片拍摄时最易出现的问题。再者，背景要与被拍对象的色泽有所差别，如动物皮肤为黑色，则不要选择在黑色地面或背景下进行拍摄。

3. 熟悉相机

对相机的性能参数要有所了解，如拍摄模式/光圈/快门/焦距的配合等。一般来说，可以直接使用相机的自动模式来拍摄，这是最简单的方法，因为在拍摄过程中不需要调节相机的各类参数。不过如果在光线不太好的环境中，就需要使用手动模式进行拍摄，可进行多次试验拍摄，直到找到满意的拍摄条件。

(四)拍摄技巧

畜禽照片拍摄的最大难度是让畜禽听话。因此，要求拍摄者既要有爱心，又要细心，更要有耐心。爱心是想办法获得它的“欢心”，可以让它熟悉的饲养员在身边，在拍照前喂它一些吃的或让饲养员站在旁边安抚一下，这样它可能会更好地“配合”拍照。其次，就是要从数码相机的LCD或取景器中细心观察动物的每一个瞬间，一旦找到合适的角度，赶快按下快门进行拍摄。因为畜禽不会乖乖站在那里等着你去拍照，很多时候你往往都是举着相机站在它旁边等候，为了能拍到一张合格的照片，有时需要站在畜禽身旁等待较长时间。因此，耐心是最重要的。掌握了以上三点，基本上就可以拍出合格的照片。

在为畜禽拍照时，要不停地变换位置来寻找最佳的拍摄角度。一般情况下，拍摄者离动物2～5 m远，从正侧面拍摄动物全景。拍摄前先选择合适的角度与光线并设置好相机的各项参数。拍摄时，在取景框中通过变焦将拍摄对象尽量放大(注意尽量不要使用相机的“数码变焦”功能，因为会损害图像的质量)；另外，在拍摄的大多数时间里，先轻按快门对焦，然后再等待最佳的画面按下快门，这个方法在拍摄过程中比较常用。如果在半按快门后，动物移动了与镜头之间的距离，还需要再重新对焦。

(五)畜禽照片拍摄时的注意事项

1. 体型外貌的基本特征

从表观分辨品种的重要方法是体型外貌，不同品种具有不同的特征，可以从毛色、体型、奶头数等方面加以区别。一些品种具有多个品系，不同品系具有不同外貌特点时，需要分别进行拍摄。当拍摄群体照片时，尽可能将本品种的不同外貌个体一次拍摄，在一张照片上反映出该品种不同外貌的组成和比例。

2. 拍摄对象的年龄

一般要求被拍摄的对象应是成年畜禽，家禽8～10月龄；非成年畜禽不能反映品种的基本情况，而过于老年的畜禽也不能包含其应有的外貌。如果品种具有特殊的外貌特征，可增加拍摄该时期的照片。

3. 个体站立的姿势

在拍摄个体照片时，站立的姿势十分重要。良好的站立姿势可全面反映畜禽的体型、体貌，包括四肢的长短、粗细，主要肉用部位的丰满程度、角型等。几乎所有的品种都要求正、侧面对着拍摄者，呈自然站立状态，被拍摄的畜禽侧面对着阳光，同时要求避开风向，使其被毛自然贴身，四肢站立自如，头颈高昂，使全身各部位应有的特征充分表现。拍摄者应站在拍摄对象体侧的中间位置。

4. 拍摄的背景

所拍摄照片的背景应能反映畜禽与所处生态环境之间的联系。

附：拍照的基本常识

1. 光位的用法

（1）顺光

顺光也叫作正面光，指光线的投射方向和拍摄方向相同的光线。在这样的光线下，被摄体受光均匀，景物没有阴影，色彩饱和，能表现丰富的色彩效果。但景物缺乏明暗反差，没有层次和立体感。

（2）逆光

逆光也叫作背光，光线与拍摄方向相反，能勾勒出被拍摄物体的亮度轮廓，又称轮廓光。逆光下的景物层次分明，线条突出，画面生动，拍出的照片立体感和空间感强。因此，逆光最适合表现深色背景下的深色景物，是一种较为理想的光线。我们常常用它来捕捉剪影，效果不错。

（3）侧光

侧光是指光线投射方向与拍摄方向成大于0°小于90°角的光线，侧光下的物体，明暗反差好，具有立体感，色彩还原好，影纹层次丰富，而其中又以45°的侧光为最佳，因为它符合人们的视觉习惯，是一种最常用的光位。

（4）顶光

顶光是指光线来自被拍摄物体的上方。顶光下，景物的水平面照度大于垂直面照度，缺乏中间层次，拍景物、人物显得没有生气，是一种不够理想的光线。但对于老年人这类特殊人物发黑的眼窝、突出的颧骨、刀刻的皱纹很有表现力。

（5）低光

低光是指从地平面刚升起或将落下的太阳光线，主要来自早晨和黄昏。低光下拍出的景物十分生动，很有生气，而且这种光线色温低，呈暖红色调，具有特殊的色彩效果，是一种较理想的光线。

（6）散射光

散射光也叫作假阴天光线，照度平均、光线柔和，光比小，色差小，在被拍摄物体上没有明显的投影。这种光宜表现恬静美好的生活、纯情的少女和天真的儿童。

2. 拍摄角度

首先，摄影方向是指照相机与被拍摄家畜禽个体在照相机水平面上的相对位置，也就是我们通常说的前、后、左、右或者正面、背面、侧面。当我们要开始拍照的时候，总是首先选择摄影点，也就是选择摄影方向。确定了方向之后再确定摄影的角度。摄影方向发生了变化，画面的形象特点和意境也都会随之改变。

(1)正面拍摄

正前方拍摄有利于表现对象的正面特征，能把横向线条充分地展现在画面上。这种正面的拍摄容易显示出庄严、静穆的气氛以及物体的对称结构。正面拍摄，由于被拍摄家畜禽个体的横向线条容易与取景框的水平边框平行，同时如果主体画面面积很大，则容易被主体横线封锁，使我们的视线没有办法纵深伸展。这样的构图会显得呆板、缺少立体感和空间感。

(2)背面拍摄

背面拍摄是相机在被拍摄物体的正后方。这种方向拍摄常常用于主体被拍摄者的画面，可以将主体被拍摄者和背景融为一体。背景中的事物就是主体被拍摄者所关注的对象。

(3)正侧面拍摄

正侧面是指正左方或者正右方。这种方向适用于表现被拍摄者或主体的独特之处。有助于突出被拍摄者的正侧面轮廓和线条。

(4)斜侧方向拍摄

斜侧方向就是我们通常说的左前方、右前方以及左后方、右后方。这种方向拍摄的特点在于使被拍摄物体的横向线条在画面上变为斜线，使物体产生明显的形体透视变化，同时可以扩大画面的容量，使画面生动活泼。

其次，再谈谈拍摄的角度问题。它是照相机与被拍摄家畜禽个体在照相机垂直平面上的相对位置。或者说在摄影方向、距离固定的情况下，照相机与被拍摄家畜禽个体之间的相对高度。由于相对高度的不同，便形成了平、仰、俯三种不同的拍摄角度。

①平摄

平摄就是照相机和被拍摄物体在同一水平线上进行拍摄。这个时候的被拍摄家畜禽个体不容易变形，特别是平摄被拍摄者活动的场面，使人感到平等、亲切。

②仰摄

这种情况下，照相机低于被拍摄家畜禽个体向上拍摄，有利于突出被拍摄物体高大的气势，能够将种用公畜禽个体的雄性特征在画面上充分地展开。利用贴近地面的仰摄还能够用于夸张运动对象的腾空、跳跃等动作。

③俯拍

俯拍就是照相机高于被拍摄家畜禽个体向下拍摄。这个角度就好像登高望远一样，有利于表现被拍摄畜禽其头、颈、躯干、尾等前后及左右的位置及比例关系等，能够给人一种较全面、直观的感受。

五、作业与思考

利用学校的种畜禽场或校企联合办学场的种用畜禽个体作为拍摄对象，按要求提供一组合格种用畜禽个体的照片（至少包括公、母各一个个体的正面、侧面、头部的合格照片各2张）。

实验五　畜禽生产性能测定

一、实验目的

（1）掌握选择畜禽测定性状的基本原则。

（2）掌握畜禽生产性能测定的常用指标与测定方法。

二、实验原理

生产性能测定是家畜育种中最基本的工作，包括场内测定和测定站测定。测定的目的在于：为畜禽个体的遗传评定提供信息；为估计群体经济性状的遗传参数提供信息；为评价畜群的生产水平和牧场经营管理提供信息；为不同杂交组合的配合力测定提供信息。

生产性能测定包括测定性状的选择、测定方法的确定、测定结果的记录和管理以及测定的实施。测定性状的选择应掌握以下原则：测定的性状应具有足够的经济意义；测定性状的表现型具有一定的遗传基础；测定性状的选取应该符合生物学规律。

选择测定方法的一般原则是：保证测定数据的精确性，采用的方法具有广泛的适用性、经济性和实用性，在保证测定结果准确的前提下，尽量节约成本。不同用途的畜禽，测定的生产性能性状和采用的测定方法有所不同。

三、实验仪器与材料

1. 实验材料

猪、牛、羊或家禽。

2. 实验器具

电子秤、台秤、记录表、皮尺、胴体肌肉pH直测仪、肉色比色卡、游标卡尺、分割刀具等。

四、实验方法

（一）家禽生产性能测定

1. 产蛋性能测定

（1）产蛋数：母禽在一定时间范围内的产蛋个数。家禽常用的时间范围有40周龄、55周龄、72周龄等，分别表示从开产至该周龄的累积产蛋数。

（2）产蛋总重：一只母禽或某群母禽在一定时间范围内产蛋的总质量。

（3）蛋重：每只母禽每个蛋的质量，应取新鲜蛋（不超过24 h）称重。

（4）蛋品质：主要指蛋壳强度、蛋白品质、蛋壳颜色、蛋黄颜色、蛋中血斑等。

（5）料蛋比：产蛋母禽在某一年龄阶段饲料消耗量与产蛋总量之比。

（6）开产日龄：一是从初生雏孵出起，到产第1个蛋经历的天数，其测定要求母禽必须单笼饲养或设有自闭产蛋箱进行个体记录；二是全群日产蛋率达50%时，计算该群体的开产日龄。

2. 产肉性能的测定

（1）生长发育测定

出生重：雏禽出生后24 h内的重量。

活重:主要指不同周龄时家禽的体重。

增重:家禽在一定年龄内体重的增量。

料肉比:家禽在一定年龄段内饲料消耗量与体重增量之比。

(2)体尺测定

体斜长:用皮尺测量锁骨前上关节(肩关节)到坐骨结节间的距离。

龙骨长:用皮尺测量龙骨突前端到龙骨末端的距离。

胸宽:用卡尺测量两肩关节间的体表距离。

胸深:用卡尺测量第一胸椎至龙骨前缘间的距离。

胫长:从胫部上关节到第三、四趾间的直线距离。

胫围:胫骨中部的周长。

骨盆宽:用卡尺测量两髋骨结节间的距离。

(3)胴体品质测定

屠宰率:全净膛重或半净膛重占宰前活重的比重。

腹脂率:腹脂重占宰前活重的比例。

胸肌、腿肌、翅膀等分割块重量占活重的比例。

3. 繁殖性能的测定

受精率:入孵蛋中受精蛋所占比例。

孵化率:种蛋孵化后出壳的雏禽所占的比例,又分为入孵蛋孵化率和受精蛋孵化率。

(二)猪生产性能测定

1. 繁殖性能测定

初产日龄:母猪头胎产仔的日龄。

窝间距:2次产仔之间的间隔天数。

窝产仔数:包括总产仔数(不包括木乃伊)和活产仔数(产后24 h内存活的仔猪数)。

断奶仔猪数(育成仔猪数):在断奶时一窝中仍然存活的仔猪数。

初生窝重:出生时一窝仔猪的总重量。

断奶窝重:断奶时一窝仔猪的总重量。

2. 生长性能测定

达到目标体重日龄:达到标准屠宰体重的日龄。各个国家规定的目标体重不同:加拿大100 kg,美国113.47 kg,德国105 kg,中国100 kg。

平均日增重(ADG):在测定期中的平均日增重。

ADG =(测定结束的体重 - 测定开始的体重)/测定天数。

目标体重时的背膘厚:测定猪达到目标体重时的背膘厚。

采食量:一头猪在测定期内的总采食量。

饲料转化率(FCR):在测定期间每单位增重所消耗的饲料,计算公式:

FCR = 采食量/测定期内增重。

3. 胴体组成测定

宰前活重:猪在屠宰前禁食24 h后的空腹体重。

胴体重:屠宰后去头、蹄、尾、内脏,保留板油和肾脏的重量。

屠宰率:胴体重占宰前活重的百分比。

膘厚:用游标卡尺测定肩部皮下脂肪最厚处、胸腰椎结合处、腰荐椎结合处的三点平均背膘厚,或6~7肋间的膘厚。

皮厚:用游标卡尺测定6~7肋间皮厚。

眼肌面积:最后肋骨处背最长肌横断面面积,用硫酸纸描绘眼肌,用求积仪或方格纸求出眼肌面积;或用公式计算:眼肌面积=眼肌长度×眼肌宽度×0.7。

瘦肉率:胴体去板油和肾脏,分离瘦肉、脂肪、皮和骨,瘦肉重占瘦肉、脂肪、皮和骨的总重的百分比。

4. 肉质测定

肉色:猪屠宰后2 h内,在胸腰结合处取新鲜背最长肌横断面,目测肉色,对照标准肉色图评分;1分:灰白色,2分:轻度灰白色,3分:亮。

肌肉pH:猪屠宰45 min后在最后胸椎处背最长肌测定的pH记为pH_1,在4 ℃条件下冷却保持24 h后测定的pH为pH_2,测定时将胴体肌肉pH直测仪直接插入背最长肌中心部位测定。

失水力:肌肉受外力(加压、加热、冷冻)作用时保持其原有水分不向外渗出的能力。测定方法主要有肌肉失水率或滴水损失。肌肉失水率是在猪屠宰24 h内在第13~14肋间取背最长肌,测定在一定机械压力下一定时间内的重量损失率。滴水损失测定是取同样的肉样,将其悬挂后测定其在自然重力下一定时间内的失水率。

大理石纹:衡量瘦肉中脂肪分布状况的一种指标,测定方法是在胴体胸腰结合处取眼肌横切面,在4 ℃条件下存放24 h,对照肌肉大理石纹评分标准图目测评分。

(三)绵羊的生产性能测定

毛长:肩胛后缘一掌、体侧中线稍上处,打开毛丛量取从皮肤表面到毛的顶端的自然长度。

细度:测定羊毛的直径,可在羊的肩部(肩胛骨中心点)、体侧(测量毛长的同一部位)和股部(腰角至飞节连线的中点)3个部位取毛样并充分混匀,用羊毛细度测定仪或显微镜测微尺测量。工业上细度指1 kg羊毛能够纺1 000 m长的毛纱的数量(支数)。

剪毛量:从一只羊身上一次剪下的全部羊毛重量。

净毛率:将剪下的羊毛经过洗毛除去杂质(油汗、尘土、粪渣、草料碎屑等)后所得净毛的重量(净毛量)与剪毛量的比例。

密度:单位面积皮肤上的羊毛根数。

(四)牛的生产性能测定

1. 产奶性能测定

305 d产奶量:产犊后第1天到第305天为止的总产奶量。产奶时间不足305 d者,按实际泌乳天数的产奶量计算;超出305 d者,超出部分不计算在内。

校正305 d产奶量:按实际泌乳天数的产奶量乘以校正系数,统一到305 d产奶量以做比较。利用不同胎次、年龄、挤奶次数、泌乳天数进行校正。

泌乳期产奶量：指自产犊后第1 d开始到干乳的累计产奶量。

年度产奶量：在一个自然年度中的总产奶量。

成年当量：将各个产犊年龄的泌乳期产奶量校正到成年时的产奶量，就称为成年当量。

乳脂率：乳中所含脂肪的百分比。

乳脂量：乳中所含脂肪的重量，即乳脂率与产奶量的乘积。

乳蛋白率：乳中所含蛋白质的百分比。

2. 生长发育测定

主要测定初生、3月龄、6月龄、12月龄、18月龄、24月龄的体尺和体重。

3. 育肥性能、胴体组成和肉质测定

以上指标的测定与猪的相关性状测定相似。

五、作业与思考

1. 对学校牧场养殖的猪进行生长性能测定，计算其平均日增重和饲料转化率。
2. 对学校牧场养殖的鹌鹑进行蛋重、产蛋量、饲料消耗量测定，计算其料蛋比。
3. 简述生产性能测定在畜禽育种中有何作用。

实验六　畜禽生长发育的计算与生长曲线的绘制

一、实验目的

(1)熟悉几种畜禽生长发育的计算方法。

(2)掌握几种畜禽生长曲线的绘制方法。

二、实验原理

各种畜禽的生长发育都有其规律性,不同畜种、性别和不同时期,都会表现出各自固有的特点和规律。利用生长发育规律对畜禽进行培育,在较短的时间内可能获得所需要的类型。对畜禽生长发育进行比较研究,一是用动态观点来研究家畜整体(或局部)体重(或体积)的增长,二是研究比较各种组织(或器官)随着整体的增长而发生的比例变化,和它们彼此增长的相对比例关系。生长发育的研究可采用以下几种方法:

(1)测定各种器官、部位或组织的重量占体重的百分比,或测定某一器官的重量占各种器官总重量的百分比。

(2)将某一器官、部位与标准器官或部位进行比较。

(3)将某一器官、部位或组织在不同年龄时的重量,与某一固定年龄(如初生时)该器官、部位或组织的重量进行比较。

(4)测定每一固定单位时间内,某一器官、部位或组织的增重速度。

(5)研究在不同营养水平或条件下,家畜器官、部位或组织的重量变化。

三、实验仪器与材料

测定的畜禽体尺和体重数据资料。

四、实验方法

(一)累积生长

任何一个时期所测得的体重或体尺,都代表该家畜被测定以前的生长发育的累积结果,因此称为累积生长。从不同日龄或月龄的累积生长数值,可以了解到家畜生长发育的一般情况。若用图解的方法来表示,可把月龄作为横坐标、体重作为纵坐标,然后按实测材料,在对应年龄与实际体重之处描点,最后把各点连接成线,即成为累积生长曲线。理论上,该曲线开始时,一般上升很慢,以后迅速提高,经过一段时间又趋缓慢,最后与横轴接近平行,故曲线通常呈S形。但实际测定的累积生长曲线,常因畜种、品种和饲养管理的不同而有差异。

(二)绝对生长

绝对生长,是指在一定时期内的增长量,用以说明某个时期畜禽生长发育的绝对值。计算公式如下:

$$G=\frac{W_1-W_0}{t_1-t_0}$$

例如，一头黑白花牛犊，初生重为40 kg，一月后增长到55 kg，代入公式得：$G=\frac{55-40}{30}$，得出该牛犊的日增重为500 g。

（三）相对生长

绝对生长只反映生长速度，并不反映生长强度。为了表示生长发育的强度，就需要采用相对数值，以增重占始重的百分比来表示。计算公式如下：

$$R=\frac{W_1-W_0}{W_0}\times 100\%$$

例如上述黑白花牛犊，在出生后最初一个月内的相对生长，按公式计算应为：

$$R=\frac{55-40}{40}\times 100\%=37.5\%$$

这个计算公式有一个缺点，因为它只以始重为基础，完全没有考虑到两次测定时间中新形成的部分。如果两次测定的间隔时间短，问题还不算突出；若间隔时间加长，则必然所得结果偏差较大。因此可改用如下公式：

$$R=\frac{W_1-W_0}{\frac{W_1+W_0}{2}}\times 100\%$$

家畜幼年时新陈代谢旺盛，生长发育最快，成年后则逐渐趋于稳定，甚至接近于零。

（四）生长系数

生长系数，也是说明生长强度的一种指标。即开始时和结束时测定的累积生长值的比例，也就是末重占始重的百分比。其计算公式为：

$$C=\frac{W_1}{W_0}\times 100\%$$

通常计算生长系数时，以初生时的累积生长值为基准。为了使其值不致于太大，也可改用生长加倍次数(n)，其计算公式为：

$$W_1=W_0\times 2^n$$

或变形为：$n=\frac{\lg W_1-\lg W_0}{\lg 2}$

如果为了进一步研究个别组织器官生长和全部组织器官生长之间的关系，此时可通过相对生长系数的计算来说明：

$$相对生长系数=\frac{(C)个别器官的生长系数}{(C')全部器官的生长系数}\times 100\%$$

例如，来航鸡一周龄时其心脏重为0.515 g。全部器官的总重为9.916 g。五周龄时，其心脏重为1.515 g，全部器官的总重为32.62 g。

心脏生长系数$(C)=\frac{1.515}{0.515}\times 100\%=294\%$

全部器官生长系数$(C')=\frac{32.62}{9.916}\times 100\%=329\%$

相对生长系数$=\frac{2.94}{3.29}\times 100\%=89\%$

说明来航鸡在五周龄时，其心脏重量约为初生时的2.94倍，而与全部器官的周期重相比，其相对生长系数约为89%。

(五)分化生长

分化生长，也称为相关生长或异速生长，是指家畜个别部分与整体相对生长间的相互关系。分化生长计算公式如下：

$Y=bX^a$

Y：所研究器官或部位的重量或大小；

X：整体减去被研究器官后的重量或大小；

a：被研究器官的相对生长和整个机体相对生长间的比例，即分化生长率；

b：所研究器官或部位的相对重量或大小，为一常数。

在实际应用中，a 的数值只能根据两次或两次以上的测定资料才可求得。当 $a=1$ 时，表示局部与整体生长速度相等；若 $a>1$ 时，表示局部生长速度大于整体生长速度，该局部为晚熟部位；若 $a<1$ 时，表示局部生长速度小于整体生长速度，该局部为早熟部位。

例：牛前肢骨骼生长发育的材料如下，求 a。

	肩胛骨重(g)	前肢骨重(g)
2.5月龄	223.4	1729.1
成年	807.3	4120.7

解：$y_1 = 223.4\ \text{g}\qquad y_2 = 807.3\ \text{g}$

$x_1 = 1729.1 - 223.4 = 1505.7\ \text{g}$

$x_2 = 4120.7 - 807.3 = 3313.4\ \text{g}$

$$a = \frac{\lg 807.3 - \lg 223.4}{\lg 3313.4 - \lg 1505.7} = \frac{0.5580}{0.3427} = 1.63$$

说明肩胛骨在前肢诸骨中是最晚熟的部位。

(六)生长曲线的绘制

生长曲线，是以曲线斜度的大小，来形象地说明生长速度的快慢和生长强度的高低。作图时，先绘一直角坐标，横坐标以相等距离做点，表示年龄或月龄。纵坐标亦以相等距离做点，分别表示累积生长、绝对生长和相对生长等指标。然后按实际计算结果，在对应于相同年龄与指标数值之处画点。最后将各点相连，即完成所要求的曲线。

(1)累积生长曲线，即用各期体重所绘成的曲线。

(2)绝对生长曲线，常以对称的常态曲线形式出现。

(3)相对生长曲线，接近于反抛物线形。

(4)作图中应注意的事项。

①纵坐标和横坐标最好接近等长，否则将影响曲线的斜度。

②先查明所统计资料的最大数与最小数，而后确定纵坐标的适宜指标大小与分组多少。如果所定指标过小，则曲线会超出图外；相反，指标过大，则曲线只在图中占据一个很小的位置。分组过多，虽可使曲线更加明显，但较麻烦；分组过少，则又使曲线看不出具体变化。以上这些，都将影响制图质量。

③纵坐标上的最低指标，按理都应从0开始。但有时资料的最小数很大，如果仍强调从0

开始，就会显得很不合理。此时可在纵坐标的最下端画一"≈"形破折号，再写出自己认为合适的最低指标。

五、作业与思考

1. 分别测定并记录30只白羽、黄羽和栗羽鹌鹑每周龄的体重(至少5周)，根据得到的体重资料，依次计算各周龄时的绝对生长和相对生长，然后利用此结果，绘出绝对生长、相对生长和累积生长曲线图，并用文字简单说明曲线变化情况。

2. 根据表6.1资料，依次计算各月龄时的绝对生长和相对生长，然后利用此结果，绘出绝对生长、相对生长和累积生长曲线图，并用文字简单说明曲线变化情况。

表6.1　短角公牛各月龄的体重、日增重和相对生长

月龄	头数	平均体重(kg)	日增重(g)	相对生长(%)	月龄	头数	平均体重(kg)	日增重(g)	相对生长(%)
初生	55	35			9	31	266	811	38
1	25	57			12	20	338	800	27
2	21	82			18	17	446	600	32
3	26	102			24	12	580	745	30.2
4	29	135			36	6	749	470	29.1
5	32	161			48	3	833	233	11.2
6	37	193							

3. 根据表6.2资料，计算生长系数和相对生长系数，然后用文字分析其出生后器官生长发育的不平衡性。

表6.2　来航母鸡重要内脏器官在不同时期的生长情况　(单位:g)

周龄 \ 器官重	卵巢	心脏	肺脏	肝脏	小肠	全部器官
1	0.02	0.52	0.45	2.14	2.09	5.49
29	0.14	5.98	6.86	40.46	37.50	98.94

4. 根据表6.3资料，计算前肢各骨的分化生长，并分析其生长发育的不平衡性。

表6.3　牛的前肢骨骼重量　(单位:g)

骨骼名称	2.5月龄时重量	成年时重量
前肢骨骼	1729.1	4120.7
肩胛骨	223.4	807.3
上膊骨	482.2	1080.0
前膊骨	106.6	147.3
管　骨	241.6	325.6
指　骨	263.4	996.3

实验七 系谱的编制

一、实验目的

掌握几种系谱的编制方法。

二、实验原理

作为一头种畜或候选种畜,要求要有尽可能完整的系谱记录。系谱是用来描述个体间亲缘关系及个体特性的图谱。系谱分为竖式系谱、横式系谱、结构式系谱、箭头式系谱和畜群系谱。编制系谱之前,对所要编制的家畜,首先要了解种畜卡片,并进行资料整理,编制配种表;没有卡片的,对此公畜应严格地分群放牧,定期组织交配,做出详细的记录,如交配分娩、生产力、外形评分、个体育种值、健康状况、后裔测定成绩等育种记录。

三、实验仪器与材料

系谱资料、直尺、坐标纸。

四、实验方法

(一)竖式系谱(直式系谱)

竖式系谱各祖先血统关系的模式(图7.1):

子　代

母				父				
外祖母		外祖父		祖母		祖父		
外祖母的母亲	外祖母的父亲	外祖父的母亲	外祖父的父亲	祖母的母亲	祖母的父亲	祖父的母亲	祖父的父亲	

I 亲代
II 祖代
III 曾祖代

图7.1 竖式系谱图

竖式系谱,就是按子代在上,亲代在下,公畜在右,母畜在左的格式,按次填写。

系谱中的生产成绩,可按I-305-4556-3.6的方法来缩写,即第一胎、305 d产乳4 556 kg、乳脂率为3.6%。同样,对体尺指标也可按136-151-182-19的方法来缩写,即体高136 cm、体长151 cm、胸围182 cm、管围19 cm。

(二)横式系谱(括号式系谱)

它是按子代在左,亲代在右,公畜在上,母畜在下的格式来填写的。系谱正中可划一横线,表示上半部为父系祖先,下半部为母系祖先。

横式系谱各祖先血统关系的模式(图7.2):

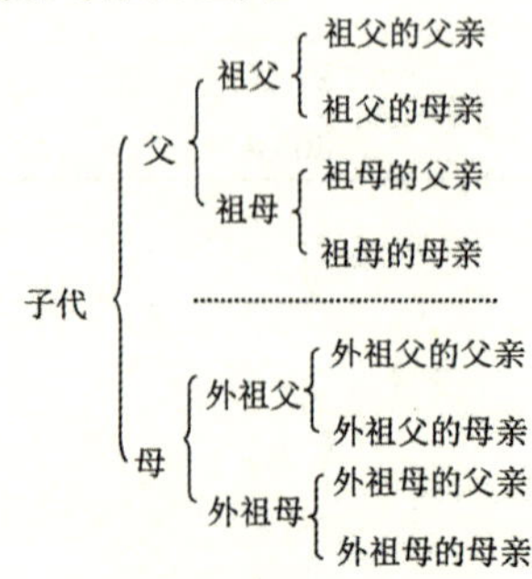

图7.2 横式系谱图

现将1号金华母猪的两种系谱示例如下(图7.3、图7.4)：

<table>
<tr><td colspan="8">1号</td></tr>
<tr><td colspan="4">13</td><td colspan="4">11</td></tr>
<tr><td colspan="2">21</td><td colspan="2">22</td><td colspan="2">25</td><td colspan="2">22</td></tr>
<tr><td>37</td><td>36</td><td>—</td><td>—</td><td>35</td><td>22</td><td>—</td><td>—</td></tr>
</table>

图7.3　1号金华母猪的竖式系谱

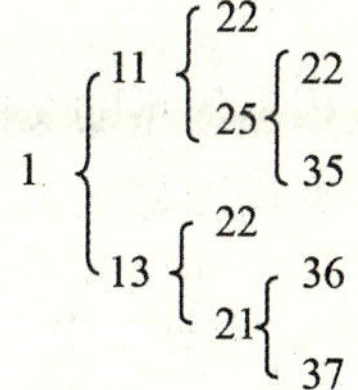

图7.4　1号金华母猪的横式系谱

(三)结构式系谱(系谱结构图)

结构式系谱比较简单,无需注明各项内容,只要能表明系谱中的亲缘关系即可。其编制原则如下：

(1)公畜用方块“□”表示,母畜用圆圈“○”表示。

(2)绘图前,先将出现次数最多的共同祖先找出,放在一个适中的位置上,以免线条过多交叉。

(3)为使制图清晰,可将同一代的祖先放在一个水平线上。有的共同祖先在几个世代中重复出现,则可将它放在最早出现的那一代位置上。

(4)同一头家畜,不论它在系谱中出现多少次,只能占据一个位置,出现多少次即用多少根线条来连接。

现仍以1号金华母猪的系谱为例,绘出结构式系谱如图7.5：

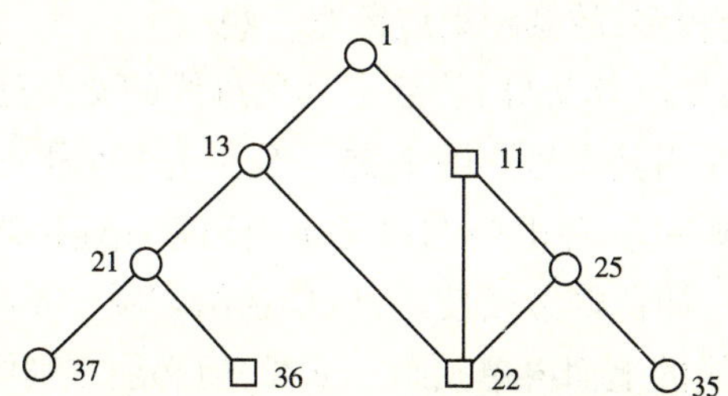

图7.5　1号金华母猪的结构式系谱

(四)箭头式系谱

箭头式系谱是专供作评定亲缘程度时使用的一种格式,凡与此无关的个体都可不必画出。

现仍以1号金华母猪的系谱为例,绘出箭头式系谱如图7.6：

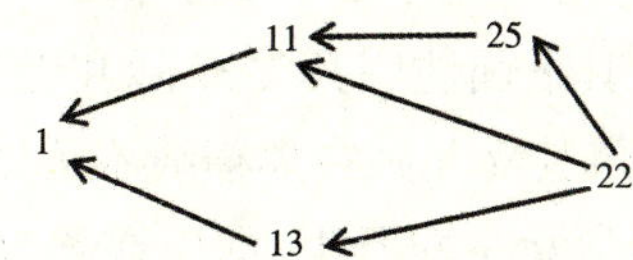

图7.6　1号金华母猪的箭头式系谱

(五)畜群系谱(交叉式系谱)

前几种系谱都是为每一个体而单独编制的,畜群系谱则是为整个畜群而统一编制的。它是根据整个畜群的血统关系,按交叉排列的方法编制起来的。利用它,可迅速查明畜群的

血统关系、近交的有无和程度、各品系的延续和发展情况,因而有助于我们掌握畜群和组织育种工作。

做图前,首先应根据历年的交配分娩记录,查出它们的父母,然后按下列顺序做图。

图例:某畜群的系谱图如图7.7所示。

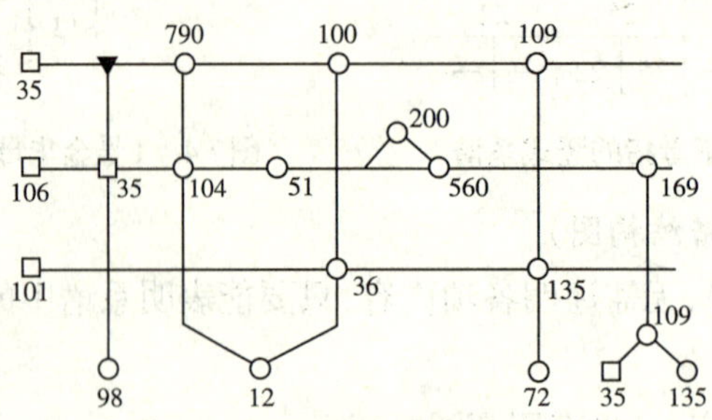

图7.7 某畜群的系谱图

(1)先画出几条平行横线,在横线左端画出方块表示公畜,并注明其具体畜号(以下简称父线)。横线的多少,决定于用种公畜的数量。而各公畜的安排顺序,则决定于其被利用的早晚。图例的101和106号是该畜群的两头主要公畜,故应绘出两条横线。其中101号利用较早,应安排在最下面。

(2)根据畜群基础母畜的头数,可在图下画出相应的圆圈来表示,然后向上画出垂线(以下简称母线)。基础母畜彼此间的距离,决定于其后裔数量的多少。图例有98、12和72号三头基础母畜,因12号的后裔较多,故其距离应留宽一些。

(3)根据交配分娩记录找出其父母,然后在其父母线的交叉处画出该个体的位置,分别用□、○来表示,并在旁边注明其畜号。图中35号公牛为106号公牛和98号母牛交配所生,故应在父线和母线交叉处画一□,并由98号处向上引出垂线连接之。

(4)本群所培育的公畜,如留群继续使用,应单独给它画一条横线。图中35号公牛已被留作种用,故应在106号横线的上面再单独画一横线,但必须在其原处向上引出垂线,在两线交叉处画一黑三角,以表明来自本群。

(5)当母畜继续留群繁殖时,可继续向上作垂线,并将其所生后代,画在父母线的交叉点上。图中790号母牛为104号母牛与35号公牛交配所生,故应在104号母线和35号父线的交叉处,画出790号的位置来。其他后代用同样方法来处理。

(6)有的母畜如果与父亲横线下的公畜交配,这样就不能再向上做垂线。此时应将它单独提出来另立一垂线。图中109号母牛与下面的106号公牛交配,生下169号母牛,此时就应将109号提出来另立一垂线,并在其下面注明其父35号和母135号。

(7)在父女交配的情况下,可将其女儿画在离横线不远处,并用双线连接。图中200号母牛,原是106号公牛与560号母牛父女交配所生,即应在离560号不远处画一○,然后用两条斜线分别与106号的横线和560号连接。

(8)为了表示群中各个体的变动情况,可用“Ⓥ”符号表示现已离群,“⊗”符号表示已死。如为了表示各个体的来源和血统,还可用“○、●”等符号表示不同品种和杂交代数。

(9)对已通过后裔测验的特别优良种畜,可将其符号画大一些,并在旁边注明其主要生产力指标。

(10)在规模较小的猪场中,使用公猪数不多,此时可在同一公猪处画出几条平行横线,一条线代表一年,按年代的远近由下向上排列。其他同上述。

(11)在已建立品系和品族的情况下,则可将同一公畜的品系后裔画在同一横线上。而同一母畜的品族后裔则画在同一来源的若干垂线上。

五、作业与思考

1. 根据下列资料,编出4406号母牛的竖式系谱和横式系谱。

4406号母牛	I-300-3474-3.09
母:3248号	父:3465号
III-3947-3.49	
IV-5427-3.45	
外祖父:213号	祖父:2357号
外祖母:120号	祖母:926号
III-6675-3.69	V-4735-3.52
外祖父的父亲:203号	祖父的父亲:53号
外祖父的母亲:418号	祖父的母亲:120号
III-7248-3.54	III-6575-3.69
外祖母的父亲:189号	祖母的父亲:433号
外祖母的母亲:144号	祖母的母亲:214号
VI-7102-3.78	VII-4730-3.52

2. 根据下列资料,绘出35号公牛的结构式系谱和箭头式系谱。

35号公牛,生于2011年,初生重40 kg。

母:7248号	父:15号,外形特级
I-6042	
外祖父:8号	祖父:8号
外祖母:6612号	祖母:6756号
III-5800	I-6000
外祖母的父亲:3号	祖父的父亲:3号
外祖父的母亲:5802号	祖母的母亲:6115号

3. 根据表7.1荣昌猪核心群的部分资料,绘出畜群系谱图。

表7.1　荣昌猪核心群的部分资料

畜号	性别	父	母	母父	母母	母母父	母母母
54	♀	35					
38	♂						
57	♂	38	49	35			
87	♀	38	54	35			
88	♀	38	54	35			
59	♂	57	83	38	54	35	
113	♀	57	88	38	54	35	

续表

畜号	性别	父	母	母父	母母	母母父	母母母
103	♀	57	87	38	54	35	
137	♀	59	113	57	88		
122	♀	59	88	38	54	35	
130	♀	59	88	38	54	35	
138	♀	59	103	57	87	38	54
50	♂	59					
158	♀	50	137	59	113	57	88
151	♀	50	88	38	54	35	
155	♀	50	122	59	88		
150	♀	50	88				
171	♀	50	130	59	88		
173	♀	50	130	59	88		
152	♀	50	138	59	103	57	87
153	♀	50	138	59	103	57	87
265	♀	50	150	50	88	38	54

实验八　系谱审查与后裔测验

一、实验目的

（1）熟悉并掌握系谱审查的原理、方法及注意事项。

（2）熟悉并掌握后裔测验的原理、方法及注意事项。

二、实验原理

系谱审查，就是以系谱为基础，根据父母及其他祖先的生产性能、外貌评分、育种值等表型，来推断其后代可能出现的品质以确定后备种畜禽的选留。此外，还可通过系谱审查来了解它们之间的亲缘关系，近交的有无和程度，以往选配工作的经验与存在的问题，直接为以后的选配提供依据。

后裔测验，就是以后裔为基础的选择，是在一致的条件下，对几头公畜的后裔进行对比测验，然后按各自后裔的平均成绩，确定对亲本的选留与淘汰。这对不能直接测定性能的公畜（如乳用品种的公牛）尤为有用。

三、实验仪器与材料

畜禽系谱及生产性能测定资料。

四、实验方法

（一）系谱审查

1. 系谱审查方法

系谱审查时，可将多个系谱的各方面资料直接进行有针对性的对比分析，即亲代与亲代比，祖代与祖代比，具体比较各祖先个体的体重、生产性能、外貌评分、后裔成绩等指标的高低，经全面权衡后，做出选留决定。

2. 系谱审查中的注意事项

（1）系谱审查要特别重视最近祖先，因为祖先愈近对该畜禽的遗传影响愈大，愈远愈小，但不能只重视对父母的审查而忽视对其他祖先的审查。

（2）凡在系谱中，母亲的生产力大大超过畜群平均数，父亲经后裔测验证明为良，或所选后备种畜的同胞也都高产，这样的系谱应给予较高的评价。

（3）凡生产性能都有年龄性变化，比较时应考虑其年龄和胎次是否相同。不同则应做必要的校正。

（4）注意系谱各个体的遗传稳定程度。

（5）注意各代祖先在外形上有无遗传上的缺陷。

（6）在研究祖先性状的表现时，最好能结合当时的饲养管理条件来考虑。

（7）对一些系谱不明、血统不清的公畜，即使个体本身表现不错，开始也应控制使用，直到取得后裔测验证明后，才可确定对其是否扩大使用。

(二)后裔测验

1. 后裔测验的方法

(1)母女对比法:通过后裔与其母亲成绩的比较,了解其父亲在这当中所起的作用。当母女对数较多时,可用垂直线法进行图解。其法应首先绘出方格表,以横坐标表示母女对数,以纵坐标表示母女产量,以横虚线表示畜群平均产量。绘图时,每一对母女标在同一垂直线上,母亲产量用圆圈表示,女儿产量用箭头表示;高于母亲者箭头向上,低于母亲者箭头向下。最后根据多数箭头的方向,即可清楚看出该公畜种用价值的大小。

(2)公牛指数:该指数就是假定公牛和母牛对女儿产乳量具有同等的遗传影响,因此女儿的产乳量,就等于其父母产乳量的平均数。计算公式如下:

$$D=\frac{1}{2}(F+M),\ F=2D-M$$

式中:D为女儿的平均产乳量;F为父亲产乳量,即公牛指数;M为母亲的产乳量,即母牛指数。

(3)不同后代间比较:这种方法是同母异父的后裔间进行比较,由于母畜品质基本相同,自然可从后裔差别中看出公畜的遗传品质,此法多用于猪。

(4)同期同龄女儿比较法:由于不同公畜的后代间,彼此出生时期接近,年龄相同,饲养管理条件也基本一致,因此,更有比较性,从而使鉴定结果也更确切可靠。此法简便易行,但一定要在规模较大的牧场才有实施的条件。

(5)后裔与畜群(或品种)平均指标的比较:利用这种方法,可大体看出畜群是向好还是向坏的方向转变。如果该公畜的后裔成绩显著高于畜群平均指标,显然对于这个畜群来说,该公畜是一个改良者。反之,则为恶化者。此法在一个畜群来源不明、生产性能不详的新建牧场中,用之较为方便,对提高畜群品质也有一定的实际效果。

2. 组织后裔测验时的注意事项

(1)选配母畜应尽可能相同:给公畜所选配的母畜应力求在品种、类型、年龄和等级上尽可能相同,以缩小母畜不同所造成的差异。

(2)饲养管理条件应尽可能一致:无论在后裔与后裔之间,还是在后裔与亲代之间,都应要求在饲养管理上尽可能大体相同,以缩小和消除因生活条件不同所造成的差异。

(3)一定的后裔数量:如果上述两个条件能做到较好的控制,则大家畜有6~10头后裔,小家畜有20~30头后裔,即可对其种用价值做出大致的肯定。如有必要,可以在随后两年内进行补充测验。

(4)评定指标要全面:不仅要重视后裔的生产力表现,同时还要注意其生长发育、体质外形与对环境的适应性。

(5)从外引进的公畜,不论是否做过后裔测验,最好都应在所利用的地区和畜群中安排遗传稳定性的审查。

五、作业与思考

1. 利用图8.1中的两头荷斯坦公牛的系谱材料进行审查分析,试评定哪一头的种用价值较高,并说明自己的理由。

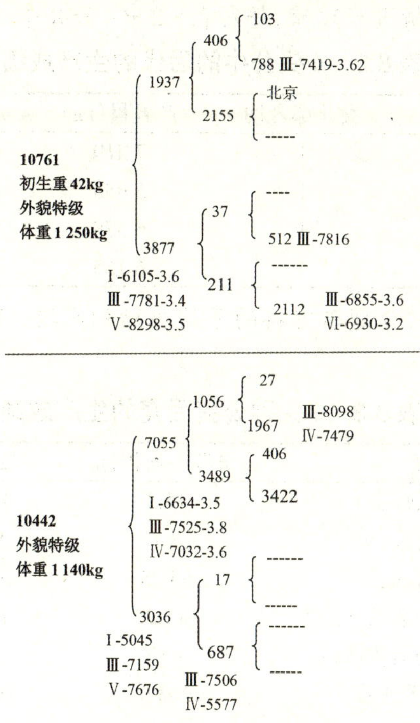

图8.1　荷斯坦公牛的系谱材料

2. 根据表8.1中的资料，分别采用垂直线图解法和计算公牛指数的方法，来测验78号、30号、25号这三头公牛的遗传品质，并对其种用价值做出评价。

表8.1　3头公牛的系谱资料

公畜号	与配母畜		女儿	
	畜号	产乳量(kg)	畜号	产乳量(kg)
78	3	6 098.7	112	7 174.3
	7	7 463.5	131	8 410.5
	8	5 519.0	111	5 873.0
	8	5 519.0	137	7 071.9
	9	6 007.0	142	7 278.0
	13	6 584.0	113	8 050.3
	19	5 250.8	128	6 960.3
	19	5 250.8	135	6 066.3
30	3	6 100.7	171	7 159.0
	7	7 463.5	197	8 091.0
	8	5 519.0	185	6 342.5
	8	5 519.0	210	6 118.3
	9	6 007.0	139	8 091.0
	13	6 584.0	177	8 141.3
	13	6 584.0	190	8 213.0
25	112	7 174.3	138	8 611.3
	122	7 545.9	147	6 474.0
	19	5 250.8	149	6 050.9
	128	6 960.8	150	8 320.0
	121	5 718.7	152	9 150.8
	3	6 100.7	158	7 027.0

3. 将同龄后代的各项成绩进行比较，评定表8.2中4头公牛的种用价值何者为优。

表8.2　4头公牛的后代的生产成绩

公牛号	女儿数目	女儿泌乳期	产乳量(kg)	乳脂率(%)	活重(kg)
178	32	1	7 219	3.51	485
210	35	1	5 985	3.32	487
218	24	1	6 578	3.44	458
191	49	1	6 165	3.40	483

4. 利用后裔的各项成绩，分别与畜群的平均指标相比较，评定表8.3中三头公猪的种用价值的高低。

表8.3　3头种公猪后裔的生产成绩

特征	指标	畜群平均指标	220号	125号	43号
繁殖力	窝产仔数(头)	11.3	11.2	11.6	10.8
	断奶仔猪数(头)	8.7	8.8	9.3	8.6
	泌乳力(kg)	55.25	52.0	56.7	55.4
增重能力	断奶时平均活重(kg)	13.2	12.4	13.4	13.5
	初生时平均活重(kg)	1.13	1.07	1.13	1.13
产肉能力	成年活重(kg)	203.0	192.0	190.0	239.0
	体长(cm)	152.6	149.9	151.0	155.4
	胸围(cm)	135.1	134.5	135.0	145.0
	体高(cm)	81.7	79.0	78.5	85.1
	胸深(cm)	46.5	45.7	46.5	46.9

实验九　选择指数的制订与计算

一、实验目的

(1)了解制订选择指数的基本原理。

(2)掌握选择指数制订的方法与注意事项。

二、实验原理

家畜育种中,经常需要同时选择一个以上的性状。应用数量遗传的原理,根据性状的遗传特点和经济价值,把所要选择的几个性状综合成一个个体间可以相互比较的数值,这个数值就是选择指数。其公式是:

$$I = W_1 h_1^2 \frac{P_1}{\overline{P}_1} + W_2 h_2^2 \frac{P_2}{\overline{P}_2} + \cdots + W_n h_n^2 \frac{P_n}{\overline{P}_n} = \sum_{i=1}^{n} W_i h_i^2 \frac{P_i}{\overline{P}_i}$$

上述公式表示,所选择的性状在指数中受三个因素决定:①性状的育种或经济重要性(W_i);②性状的遗传力(h_i^2);③个体表型值与畜群平均数的比值($\frac{P_i}{\overline{P}_i}$)。

一般来说,经济价值高的性状,育种重要性也大。但有时两者并不等同,例如,我国目前市场上牛奶的价格,并不根据乳中的脂肪或干物质的多少来分级。如果单纯从牛场经济收益考虑,就完全可置之于不顾,但从提高牛乳质量方面来说,选择指数中应当包括牛乳的质量指标,并给以适当的加权值。

为了选种方便,通常把各性状都处于畜群平均数的个体指数值订为100,其他家畜和100相比,超过100越多的个体越好。这时指数公式需进一步变换。

$$I = a_1 \frac{P_1}{\overline{P}_1} + a_2 \frac{P_2}{\overline{P}_2} + \cdots + a_n \frac{P_n}{\overline{P}_n} = \sum_{i=1}^{n} a_i \frac{P_i}{\overline{P}_i}$$

这里 $\sum_{i=1}^{n} a_i = 100$

三、实验仪器与材料

畜禽生产性能数据资料、电脑或计算器。

四、实验方法

要制订一个繁殖母猪的产仔数、断乳时仔猪数和断乳窝重三个性状的选择指数,其具体步骤如下所述。

(一)计算必要的数据

个体表型值(P_i)和畜群平均数($\overline{P}_i$),可根据牧场资料直接计算。性状的遗传力(h^2),如缺乏必要的数据,也可以从有关育种文献中查出;各性状的育种或经济重要性(W_i),可通过调查根据经验确定。现假定下列数据为已知:

窝产仔数(头)　P_1=9　h_1^2=0.1　W_1=0.3

断乳仔猪数(头)　P_2=8　h_2^2=0.2　W_2=0.3

28日龄断乳窝重(kg) P_3=60 h_3^2=0.2 W_3=0.4

其中,W_1:W_2:W_3 = 0.3:0.3:0.4

而且,W_1+ W_2+ W_3=1

(二)计算a值

设每个性状都处于畜群平均数的个体,其指数为100,于是:

$$a_1 = \frac{W_1h_1^2}{W_1h_1^2 + W_2h_2^2 + W_3h_3^2} \times 100 = \frac{0.03}{0.03 + 0.06 + 0.08} \times 100 = 17.65$$

$$a_2 = \frac{W_2h_2^2}{W_1h_1^2 + W_2h_2^2 + W_3h_3^2} \times 100 = \frac{0.06}{0.03 + 0.06 + 0.08} \times 100 = 35.29$$

$$a_3 = \frac{W_3h_3^2}{W_1h_1^2 + W_2h_2^2 + W_3h_3^2} \times 100 = \frac{0.08}{0.03 + 0.06 + 0.08} \times 100 = 47.06$$

验算:

$$a_1 + a_2 + a_3 = 17.65 + 35.29 + 47.06 = 100$$

(三)计算选择指数

把 a_i 值代入公式得:

$$I = 17.65\frac{P_1}{\overline{P}_1} + 35.29\frac{P_2}{\overline{P}_2} + 47.06\frac{P_3}{\overline{P}_3}$$

由于各性状的畜群平均数($\overline{P}_i$)为已知,指数公式还可表示为:

$$I = \frac{17.65}{9}P_1 + \frac{35.29}{8}P_2 + \frac{47.06}{60}P_3 = 1.9611P_1 + 4.4113P_2 + 0.7843P_3 \qquad (1)$$

把每个性状的表型值代入,就可计算出选择指数。

(四)示例

1. 假设选择三个性状[猪的产仔数 X_1(头),断乳仔猪数 X_2(头),28日龄断乳窝重 X_3(kg)],现有6头猪,资料如下:

猪号	X_1	X_2	X_3
1	11	10	70
2	6	4	35
3	9	8	56
4	10	8	60
5	7	6	50
6	12	8	60

2. 相应性状的经济重要性系数(W_i)及遗传力(h_i^2)

性状	W_i	h_i^2	$\overline{P}$
产仔数	0.3	0.1	9
断乳仔猪数	0.3	0.2	8
断乳窝重	0.4	0.2	60

3. 计算指数

把每个性状的表型值代入公式(1),利用计算器或计算机中Excel软件就可计算出选择

实验十　个体育种值的估计

一、实验目的

掌握估计育种值的原理和方法。

二、实验原理

通常畜禽选种所依据的记录资料有四种：本身记录、祖先记录、同胞记录和后裔记录，育种值可根据单项资料进行估计，也可根据多种资料进行复合评定。根据亲代、本身、同胞、后裔四种记录资料估计复合育种值，先用估计单项资料育种值的方法，依次计算出A_1、A_2、A_3、A_4四个育种值，然后根据四种资料在育种上的重要程度对四个育种值进行必要的加权，最后才能合并成复合育种值。确定加权值的条件是：(1)四个加权系数互不相干；(2)四个系数之和为1；(3)为了计算方便，对四个系数只取一位小数。为此，这四个系数只能是0.1、0.2、0.3、0.4，于是复合育种值的简化公式就是：

$$\hat{A}x = 0.1A_1 + 0.2A_2 + 0.3A_3 + 0.4A_4 \tag{1}$$

对于遗传力$h^2<0.2$的性状，A_1、A_2、A_3、A_4依次分别为根据亲代、本身、同胞、后裔四个单项资料估计的育种值；对于遗传力为$0.2 \leq h^2 < 0.6$的性状，A_1、A_2、A_3、A_4依次分别为根据亲代、同胞、本身、后裔四个单项资料估计的育种值；对于遗传力$h^2 \geq 0.6$的性状，A_1、A_2、A_3、A_4依次分别为根据亲代、同胞、后裔、本身四个单项资料估计的育种值。

为了计算出A_1、A_2、A_3、A_4，需要用下列公式进行计算：

$$\left.\begin{aligned} A_1 &= (\overline{P}_1 - \overline{P})h_1^2 + \overline{P} \\ A_2 &= (\overline{P}_2 - \overline{P})h_2^2 + \overline{P} \\ A_3 &= (\overline{P}_3 - \overline{P})h_3^2 + \overline{P} \\ A_4 &= (\overline{P}_4 - \overline{P})h_4^2 + \overline{P} \end{aligned}\right\} \tag{2}$$

由公式(1)和(2)可得：

$$\begin{aligned} \hat{A}x &= 0.1A_1 + 0.2A_2 + 0.3A_3 + 0.4A_4 \\ &= 0.1(\overline{P}_1 - \overline{P})h_1^2 + 0.2(\overline{P}_2 - \overline{P})h_2^2 + 0.3(\overline{P}_3 - \overline{P})h_3^2 + 0.4(\overline{P}_4 - \overline{P})h_4^2 + \overline{P} \end{aligned}$$

这时，可直接用表型值和遗传力系数代入，计算它的复合育种值。

当缺少某一项时，就以畜群平均数代替，如缺$\overline{P}_3$，第三项得$0.3(\overline{P}_3 - \overline{P})h_3^2 = 0$，这时所估计的复合育种值为：

$$\hat{A}x = 0.1(\overline{P}_1 - \overline{P})h_1^2 + 0.2(\overline{P}_2 - \overline{P})h_2^2 + 0.4(\overline{P}_4 - \overline{P})h_4^2 + \overline{P}$$

三、实验仪器与材料

畜禽系谱和生产性能数据资料。

四、实验方法

例：现有10头母牛和其亲属的产乳量记录见表10.1，已知该牛群的全群平均产奶量为4 820 kg，产乳量的遗传力h^2=0.3，重复力r_e=0.4，要求选出其中最好的3头作为种用母牛。

如根据本身平均产乳量选择，中选的母牛是009、003、002。如根据母亲的平均产乳量选择，中选的母牛是007、006、002和010。如根据半姐妹平均产乳量选择，中选的母牛是008、005、001。如根据女儿平均产乳量选择，中选的母牛是008、002、001。可以看出，利用不同的表型资料，选择结果差异很大。为了充分利用各种资料，尽可能准确地进行选种工作，现要求采用复合育种值的方法。因此可采用中等遗传力性状计算复合育种值，其步骤如下。

表10.1 10头母牛及其亲属的产乳量记录 (单位:kg)

牛号	本身		母亲		半姐妹		女儿	
	平均产乳量	记录次数	平均产乳量	记录次数	平均产乳量	头数	平均产乳量	头数
001	4 500	3	4 800	6	5 520	23	5 000	1
002	5 520	5	5 000	8	5 020	37	5 050	2
003	6 000	1	4 700	4	5 300	33	—	0
004	4 900	2	4 900	5	5 300	33	—	0
005	5 000	3	4 800	6	5 820	5	—	0
006	3 750	1	5 500	5	4 320	72	—	0
007	4 500	5	6 000	8	4 740	22	4 800	2
008	5 500	8	4 400	11	5 840	8	5 500	4
009	6 500	3	4 500	6	5 070	46	4 700	1
010	3 900	4	5 000	7	5 090	66	4 500	2

(一)计算出各种资料的遗传力系数

(1)计算出母亲不同记录次数的遗传力系数，填入表10.2。

$$h_1^2(n)=\frac{0.5nh^2}{1+(n-1)r_c}$$

表10.2 母亲不同记录次数的遗传力系数

记录次数(n)	4	5	6	7	8	11
遗传力系数(h_1^2)						

(2)计算出半姐妹不同头数的遗传力系数，填入表10.3。

$$h_2^2(n)=\frac{0.25nh^2}{1+0.25(n-1)h^2}$$

表10.3 半姐妹不同头数的遗传力系数

半姐妹头数(n)	5	8	22	23	33	37	46	66	72
遗传力系数(h_2^2)									

(3)计算出本身不同记录次数的遗传力系数，填入表10.4。

$$h_3^2(n)=\frac{nh^2}{1+(n-1)r_c}$$

表10.4 本身不同记录次数的遗传力系数

记录次数(n)	1	2	3	4	5	8
遗传力系数(h_3^2)						

(4)计算出女儿不同头数的遗传力系数，填入表10.5。

$$h_4^2(n)=\frac{0.5nh^2}{1+0.25(n-1)h^2}$$

表10.5 女儿不同头数的遗传力系数

女儿头数(n)	1	2	3	4
遗传力系数(h_4^2)				

(二)计算复合育种值

有些没有女儿资料，则公式中第四项为零，即：

$$\hat{A}x=0.1(\bar{P}_1-\bar{P})h_1^2+0.2(\bar{P}_2-\bar{P})h_2^2+0.3(\bar{P}_3-\bar{P})h_3^2+\bar{P}$$

(三)计算相对育种值

把计算结果按名次填入表10.6中，并计算出相对育种值。

表10.6 10头母牛的复合育种值结果 (单位：kg·%)

名 次	牛 号	绝对值($\hat{A}$)	相对值($\frac{\hat{A}}{\bar{P}}\times 100$)
1			
2			
3			
4			
5			
6			
7			
8			
9			
10			

五、作业与思考

1. 根据表10.1的资料，完成表10.2～10.6，请选出其中最好的5头作为种母牛。

2. 下列8头母羊和其亲属的剪毛量记录如表10.7，已知该羊群的全群平均剪毛量为4.6 kg，剪毛量的遗传力h^2=0.4，重复力r_e=0.6，请选出其中最好的2头作为种母羊。 (单位：kg)

表10.7 8头母羊和其亲属的剪毛量

羊号	本身		母亲		半姐妹		女儿	
	平均剪毛量	记录次数	平均剪毛量	记录次数	平均剪毛量	头数	平均剪毛量	头数
001	5.2	5	4.7	7	4.8	44	4.7	2
002	5.4	3	5.2	5	5.5	39	5.7	2
003	5.1	1	5.0	3	4.8	15	–	0
004	5.0	4	4.7	6	4.9	43	5.3	3
005	5.5	2	4.9	4	5.2	25	5.1	1
006	4.8	1	5.2	5	4.7	12	–	0
007	4.7	3	4.6	5	4.5	41	4.8	1
008	5.6	4	5.8	6	5.1	46	5.3	3

实验十一　畜禽选配计划的制订

一、实验目的

(1)熟悉并掌握不同选配方式的作用。

(2)根据畜禽群体的情况，结合所学知识，制订出切实可行的选配计划。

二、实验原理

选配是畜禽育种中的重要环节，它是人为决定公母畜禽的配对，从而有意识地组合后代的遗传基础，以达到培育和利用良种的目的。通过选配，对畜禽的配对加以人为控制，使优秀个体获得更多的交配机会，使优良基因更好地重新组合，在此基础上就可促使畜群得到不断的改进和提高。

根据选配对象的不同，可分为个体选配和种群选配；而在个体选配中，按交配双方品质的不同，可分为品质选配和亲缘选配；按交配双方亲缘关系的不同，分为近交和远交。品质选配考虑交配双方的品质不同，分为同质选配和异质选配。同质选配是以表型相似性为基础的选配，主要作用在于能使亲本的优良性状相对稳定地遗传给后代。异质选配是以表型不同为基础的选配，它的主要作用在于能综合双亲的优良性状，丰富后代的遗传基础，创造新的类型，并提高后代的适应性和生活力。亲缘选配是考虑交配双方亲缘关系远近的一种选配，如双方有较近的亲缘关系叫近交，反之叫远交。近交可以固定优良性状，保持优良个体的血统，提高畜群的同质性，但近交所产生的后代的生活力、体重以及繁殖能力往往会降低，所以近交一般在培育纯系时使用，生产场不宜使用。在畜禽育种中，应根据具体的育种目的，正确地运用选配方式。

选配计划又称选配方案，没有固定的格式，一般都包括每头公畜与配母畜号(或母畜群别)及其品质说明、选配目的、选配原则、亲缘关系、选配方法、预期效果等项目。选配计划应在了解和分析畜群基本情况的基础上结合育种目标进行制订，并根据生产实际及时进行合理修订。

三、实验仪器与材料

系谱资料、畜禽生产性能数据资料。

四、实验方法

(一)选配的实施原则

1. 有明确目标

选配在任何时候都必须根据既定的育种目标来进行，在更新个体和畜群特性的基础上，注意如何加强其优良品质和克服其缺点。

2. 尽量选择亲和力好的家畜来交配

在对过去交配结果具体分析的基础上，找出那些产生过优秀后代的选配组合，现在不但应继续维持，而且还应增选具有相应品质的母畜与之交配。

3. 公畜等级要高于母畜

公畜对整个畜群具有带动和改进作用，而且选留数量较少，所以其等级和质量都应高于母畜，绝不能使用低于母畜等级的公畜来交配。

4. 相同缺点或相反缺点者不配

选配中，绝不能使具有相同缺点（如毛短与毛短）或相反缺点的公母畜相配（如凹背与凸背），以免加重缺点的发展。

5. 谨慎使用近交

近交只宜控制在育种群必要时使用，它是一种局部而短期内采用的方法。在一般繁殖群内，远交则是一种普遍而又长期使用的方法。

6. 灵活做好品质选配

优秀的公母畜，一般情况下都应进行同质选配，在后代中巩固其优良品质。对品质欠优的母畜或后代要集合公畜和母畜双方的优良性状时才采用异质选配。

（二）选配计划制订程序

1. 明确育种目标

育种目标应结合群体实际情况，制订出在一定时间内群体主要的数量性状和质量性状预期达到的改进或发育指标。

2. 了解和分析畜群的基本情况

在制订选配计划之前，应了解和分析畜群和品种的基本情况，包括系谱结构、形成历史以及畜群的生产水平、主要优缺点和需要改进提高的地方。

3. 分析以往的交配结果

查清每头母畜与公畜交配产生的后代的情况，与哪些公畜交配效果不好，以便从中总结经验教训。对已产生良好效果的交配组合，今后可采用重复选配的方法。对未产生过后代的初配母畜，可分析其同胞姐妹与什么公畜交配过，是否产生了良好效果，以此作为选配的依据。

4. 分析即将参加配种的公母畜的系谱和个体品质

了解公母畜的体尺、体重、外形、生产力、评定等级、育种值等品质情况，将母畜每一头或每一群列出（表11.1），分析其优缺点，选配最合适的公畜。绘制畜群系谱图，分析畜群的亲缘关系，避免盲目近交。分析系、族间亲和力，判断不同系、族间亲和力的大小。

表11.1　不同畜群优缺点分析表

母畜号或群别	要保留的特性	要提高或改进的特性	要清除的缺点或缺陷

5. 制订选配计划

根据选配目的和性状的不同，合理利用不同的选配方法，制订出选配计划。数量性状一般可采用品质选配，也可以采用亲缘选配，应视具体情况而定。在制订选配计划时应进行全面、综合的考虑，选择最主要、最急于改进的性状作为首要的目标。对于性状的改良和改进，不能选择过多，选择的性状过多往往容易影响遗传改进的效果。为此，在制订选配计划时应

逐头确定每头母畜的主要改进性状，如奶牛的产奶量、乳脂率或体型外貌，依据种公畜和母畜的性状表现来确定是采用同质选配还是异质选配。与配公畜最好不止一个，即可以有主配公畜和辅配公畜，这样一旦主配公畜因某些原因不能利用时，还有替代公畜可以利用。为了清楚直观，为随后的选配计划提供依据，可用表格形式给出选配计划。表11.2、表11.3分别为牛和猪的选配计划样表，可供参考。

表11.2　牛的选配计划表

母牛				与配公牛				亲缘关系	选配目的
牛号	品种	等级	特点	牛号	品种	等级	特点		

表11.3　猪的选配计划表

母猪号	品种	预期配种期	主要特点	与配公猪						选配原因
				前次		本次计划				
				猪号	品种	主配		候补		
						猪号	品种	猪号	品种	

6. 选配计划的修订

无论采用何种选配方式，在制订好选配计划后，应定期检查选配计划的执行情况，发现问题时及时纠正。同时具备完善的观测记录，以便对选配效果进行准确评估。若达到预期选育目标，说明选配计划可行，若偏离预定指标则需及时调查原因并在下次配种时加以注意。若公畜死亡或精液品质变差等情况发生时，应及时对选配计划进行合理修订。

五、作业与思考

1. 调查学校牧场养殖的蛋用鹌鹑的基本情况和生产现状，结合群体实际情况，制订一个预期效果理想而又切实可行的选配计划。

2. 针对某一奶牛场母牛产奶量低、乳脂率低的现状，试制订一个合理的选配计划，以提高整个畜群的产奶性能。

指数。计算的结果如下：

I_1=120.59　　I_2=56.86

I_3=96.86　　I_4=101.96

I_5=79.41　　I_6=105.88

由此可知，选择指数由高到低的顺序是：$I_1> I_6> I_4> I_3> I_5> I_2$。

因此，6头猪种用价值从高到低的顺序是：1号猪>6号猪>4号猪>3号猪>5号猪>2号猪。

五、作业与思考

1. 根据在学校牧场测定的30只鹌鹑的开产日龄、蛋重以及体重计算鹌鹑这三个性状的选择指数。设鹌鹑开产日龄：W_1=0.3，h_1^2=0.2；蛋重：W_2=0.4，h_2^2=0.3；体重：W_3=0.3，h_3^2=0.3，通过所制订的选择指数，从中选出10只指数最高的母鹌鹑留种。

2. 根据表9.1荷斯坦奶牛的产奶量、乳脂率、外貌评分制订这三个性状的选择指数，从中选出10头指数最高的留种。假设群体平均产奶量为6 800 kg，经济加权值W_1=0.4，h_1^2=0.3，群体平均乳脂率为3.3%，W_2=0.35，h_2^2=0.4，群体外貌评分平均为75分，W_3=0.25，h_3^2=0.3。

表9.1　荷斯坦奶牛的产奶量、乳脂率、外貌评分

牛号	产奶量(kg)	乳脂率(%)	外貌评分
001	6 850	3.6	80
002	7 200	3.5	82
003	7 700	3.4	85
004	7 180	3.3	70
005	7 500	3.4	75
006	7 650	3.6	83
007	8 160	3.3	85
008	7 350	3.4	82
009	7 250	3.5	79
010	6 750	3.5	70
011	8 380	3.4	83
012	7 900	3.2	82
013	6 700	3.6	73
014	7 680	3.2	80

3. 制订综合选择指数的注意事项有哪些？综合选择指数法与其他多性状选择方法相比有何优缺点？

实验十二　亲缘程度的评定

一、实验目的

掌握罗马数字表示和近交系数计算这两种评定亲缘程度的方法。

二、实验原理

畜牧学中衡量和表示近交程度的方法主要有罗马数字表示法、近交系数计算法，其共同点均是从系谱中共同祖先出现的远近和多少出发的。罗马数字表示法是以罗马数字表示共同祖先在系谱中所处的位置(代数)来表示其近交程度的。近交系数计算法是表示纯合的相同等位基因来自共同祖先的一个大致百分数，也是杂合基因比近交前所占比例减少了多少的一个度量。

公式如下：

$$F_x=\sum\left[\left(\frac{1}{2}\right)^{n_1+n_2+1}(1+F_A)\right]$$

F_x：个体X的近交系数；

n_1：个体X的父亲到共同祖先的世代数；

n_2：个体X的母亲到共同祖先的世代数；

n_1+n_2+1：连接X的父亲、母亲与共同祖先通径链中的个体数；

F_A：共同祖先A自身的近交系数。

如共同祖先不是近交个体所生，即F_A=0，公式简化为：

$$F_x=\sum\left(\frac{1}{2}\right)^{n_1+n_2+1}$$

三、实验仪器与材料

畜禽系谱资料、计算器。

四、实验方法

(一)罗马数字表示法

1. 标注系谱中的共同祖先

根据牧场提供的系谱资料，查看系谱中父系和母系双方有无共同祖先，如有，用“△”、“√”等符号将其标示出来。

2. 写出共同祖先在母系和父系中出现的世代数

用罗马数字分别写出共同祖先在母系和父系中出现的世代数，中间用一横线隔开，横线左端为共同祖先出现在母系中的世代数，横线右端为共同祖先出现在父系中的世代数。

3. 确定近交程度

亲缘程度可分为：嫡亲交配(横线两边数字相加之和为3或4)、近亲交配(横线两边数字相加之和为5或6)、中亲交配(横线两边数字相加之和为6或8)、远亲交配(横线两边数字相加之和为8以上)。

以368号种公牛的系谱为例进行讲解(图12.1)。

368号公牛

150				159				Ⅰ
53		24△		52		24△		Ⅱ
36	18∨	10	12	5	18∨	10	12	Ⅲ

图12.1　368号公牛系谱

由上列系谱可见,368号公牛有两个共同祖先,即24号和18号。因此,24号共同祖先可写成Ⅱ-Ⅱ形式,18号可写成Ⅲ-Ⅲ形式,368号公牛的两个共同祖先以24号为最近,故应以它来确定近交程度。从24Ⅱ-Ⅱ可判定368号公牛为嫡亲交配所生,更准确一点说,是同父异母的半兄妹交配所生,比兄妹交配稍远一些。

(二)个体近交系数计算法

例:根据图12.2的系谱,计算X个体的近交系数。

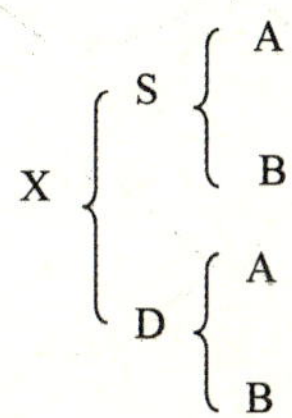

图12.2　X个体的横式系谱

(1)把横式系谱改画成箭头式系谱,如图12.3。

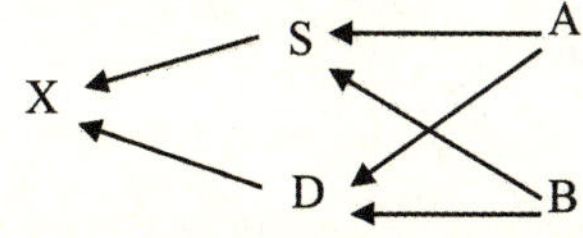

图12.3　X个体的箭头式谱

(2)找出所有通径链:S←A→D　S←B→D

(3)计算X个体的近交系数:

因为共同祖先A和B均不是近交个体所生,所以$F_A=0$, $F_B=0$

$$F_x=\sum\left(\frac{1}{2}\right)^{n_1+n_2+1}=\left(\frac{1}{2}\right)^{1+1+1}+\left(\frac{1}{2}\right)^{1+1+1}=0.25$$

五、作业与思考

1. 根据609号公羊的系谱(图12.4),用罗马数字表示共同祖先在系谱中的位置,并评定其近交程度。

609号公羊

101				90			
77		88		56		132	
56	132	46	150	131	150	177	160

图12.4　609号公羊的系谱

2. 试设计出两个系谱,分别表示父女交配及祖母与孙子交配。

3. 将图12.5中X个体的横式系谱改制成箭头式系谱，然后计算X个体的近交系数。

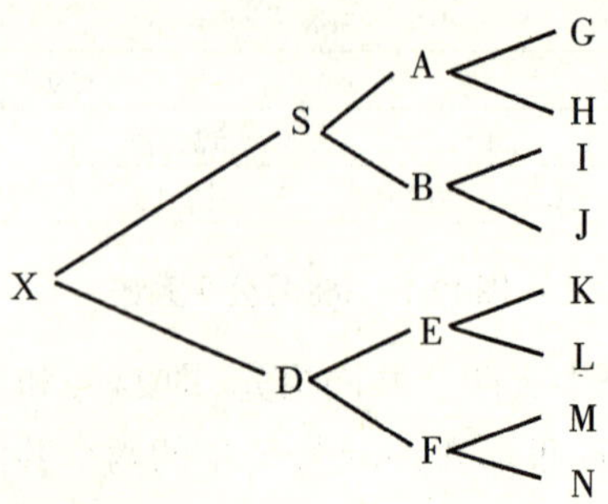

图12.5　X个体的系谱图

4. 将图12.6中8号公牛的横式系谱改制成箭头式系谱，然后计算8号公牛的近交系数。

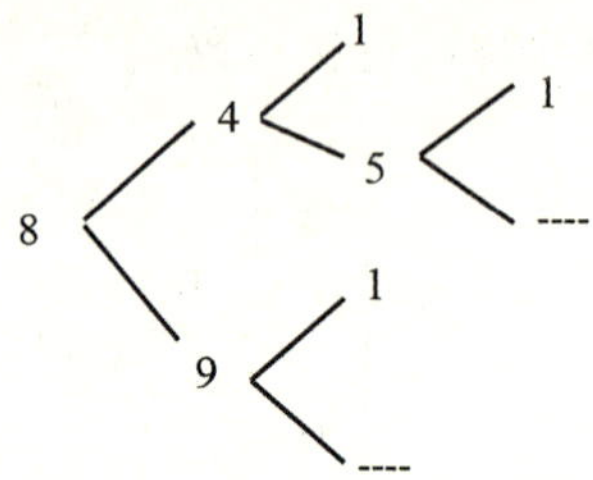

图12.6　8号公牛的系谱图

实验十三　亲缘系数和畜群近交程度的估算

一、实验目的

(1)掌握旁系亲属和直系亲属亲缘系数的计算方法。

(2)掌握畜群近交程度的估算方法。

二、实验原理

亲缘系数是指两个个体间的遗传相关系数，即两个个体加性基因效应间的相关系数。亲缘系数体现的是个体两亲本间的遗传相关程度，具有亲缘关系的动物个体间其基因流动关系有两种情况：一是单纯地由亲代向子代进行传代的线性关系称为直系亲缘关系，有直系亲缘关系的个体相互称为直系亲属；二是复杂地由同一祖先构成的彼此间的线性联系称为旁系亲缘关系，有旁系关系的个体相互称为旁系亲属。

旁系亲属间的亲缘系数计算公式为：

$$R_{SD}=\frac{\sum\left[\left(\frac{1}{2}\right)^N(1+F_A)\right]}{\sqrt{(1+F_S)(1+F_D)}}$$

R_{SD}表示S和D间的亲缘系数；N为S和D分别到共同祖先的代数之和，$N=n_1+n_2$；F_S和F_D是个体S和D的近交系数；F_A表示共同祖先A的近交系数。

如果个体S、D和A都不是近交个体，则公式可简化为：

$$R_{SD}=\sum\left[\left(\frac{1}{2}\right)^N\right]$$

直系亲缘间的亲缘系数计算公式为：

$$R_{XA}=\sum\left(\frac{1}{2}\right)^N\sqrt{\frac{1+F_A}{1+F_X}}$$

R_{XA}表示X和A间的亲缘系数；N为由个体X到祖先A的代数；F_A表示共同祖先A的近交系数；F_X为个体X的近交系数。

如果共同祖先A和个体X都不是近交所生，则公式可简化为：

$$R_{XA}=\sum\left(\frac{1}{2}\right)^N$$

畜群近交系数可以用畜群中个体近交系数的平均数来表示，群体近交系数的估算方法根据群体结构和大小而定。

三、实验仪器与材料

畜禽系谱资料、计算器或电脑。

四、实验方法

(一)亲缘系数的计算

1. 旁系亲属间亲缘系数的计算

示例：现有289号公羊的横式系谱如图13.1，计算135号和181号间的亲缘系数。

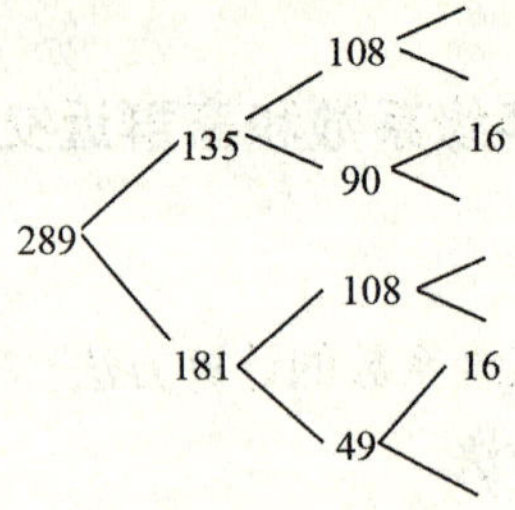

图13.1 289号公羊的横式系谱

(1)横式系谱改成箭头式系谱,如图13.2。

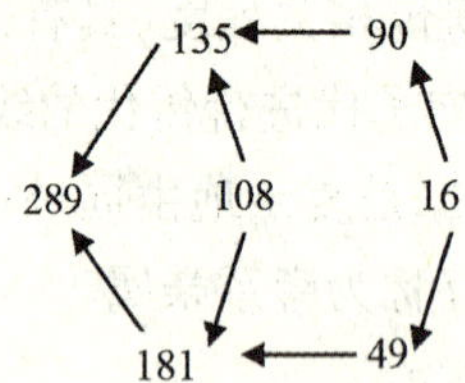

图13.2 289号公羊的箭头式系谱

(2)找出所有通径链:从图13.2箭头式系谱可看出,135号和181号之间有108号和16号两个共同祖先,其通径路线为:

135←108→181

135←90←16→49→181

(3)计算亲缘系数:135、181、108和16都不是近交个体,因此:$F_{135}=0$, $F_{181}=0$, $F_{108}=0$, $F_{16}=0$

$$R(135)(181)=\sum\left[\left(\frac{1}{2}\right)^{N}\right]=\left(\frac{1}{2}\right)^{2}+\left(\frac{1}{2}\right)^{4}=0.25+0.0625=0.3125$$

2. 直系亲缘间亲缘系数的计算

例如:X、S、D、I个体间的关系如图13.3所示,试计算X个体与S个体的亲缘系数。

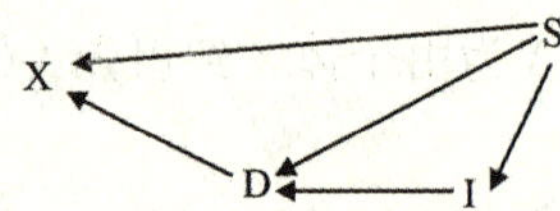

图13.3 X个体的箭头式系谱

(1)找出所有通径链:计算直系亲属间的亲缘系数时,通径链始于一个体,止于其直系亲属,中途不转换方向。

X与S亲缘关系的通径链:X←S X←D←S X←D←I←S

个体X的近交系数通径链:S→D S→I→D

(2)计算近交系数和亲缘系数:

$$F_X=\left(\frac{1}{2}\right)^{1+0+1}+\left(\frac{1}{2}\right)^{2+0+1}=0.375, Fs=0$$

$$R_{XS}=\sum\left(\frac{1}{2}\right)^{N}\sqrt{\frac{1+F_S}{1+F_X}}=\left[\left(\frac{1}{2}\right)^{1}+\left(\frac{1}{2}\right)^{2}+\left(\frac{1}{2}\right)^{3}\right]\cdot\sqrt{\frac{1+0}{1+0.375}}=0.7461$$

即X个体与其祖先S个体之间的亲缘系数是0.7461。

(二)畜群近交程度的估算

估算畜群的平均近交程度,可根据具体情况选用下列方法:

1. 规则近交

规则近交即亲缘关系相同的个体间交配,且每代相同,例如世世代代都用半同胞交配。一些常见的规则近交各代的近交系数见表13.1。

表13.1　规则近交各代的近交系数

近交世代	全同胞交配	半全同胞交配	亲子交配	与同一亲本(F=0)交配
1	0.250	0.125	0.250	0.250
2	0.375	0.219	0.375	0.375
3	0.500	0.305	0.500	0.438
4	0.594	0.381	0.594	0.469
5	0.672	0.449	0.672	0.484
⋮	⋮	⋮	⋮	⋮
∞	1	1	1	0.50

2. 小畜群

畜群规模不大,此时可先求出每个个体的近交系数,再计算其平均值。

3. 大畜群

当畜群很大时,可用随机抽样的方法,抽取一定数量的家畜,逐个计算其近交系数,然后用样本平均数来代表畜群的平均近交系数。

4. 闭锁群

对于多年不引进种畜的闭锁畜群,平均近交数可采用下面的近似公式进行估计:

$$\Delta F=\frac{1}{8N_S}+\frac{1}{8N_D}$$

ΔF:畜群平均近交系数的每代增量;

N_S:每代参加配种的公畜数;

N_D:每代参加配种的母畜数。

畜群中的母畜数一般数量较大,所以 $\frac{1}{8N_D}$ 值很小。当母畜在12头以上时,此部分可忽略不计,此时的公式可简化成:

$$\Delta F=\frac{1}{8N_S}$$

所以,只要知道该畜群的种公畜数 N_S,就可以计算每代近交系数的增量,也就是畜群中基因纯合的分数。

例如,当:$N_S=1$,则 $\Delta F=12.5\%$

$N_S=2$,则 $\Delta F=6.25\%$

$N_S=3$,则 $\Delta F=4.17\%$

$N_S=4$,则 $\Delta F=3.13\%$

$N_S=5$,则 $\Delta F=2.5\%$

五、作业与思考

1. 根据X个体的系谱(图13.4),计算A和B的亲缘系数。

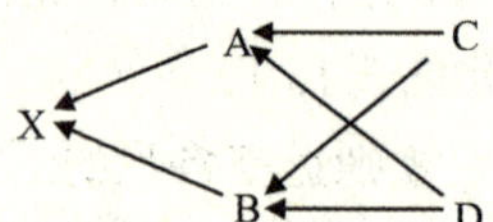

图13.4　X个体的系谱

2. 根据图13.5所示的X公牛的系谱,计算S和D之间的亲缘系数。

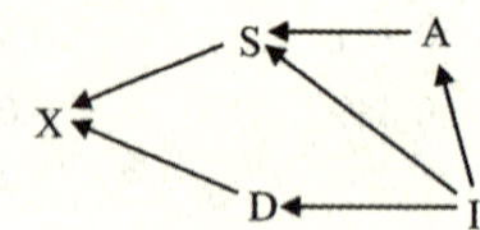

图13.5 X公牛的系谱

3. 18号个体的系谱如图13.6,计算18号与其祖先5号之间的亲缘系数。

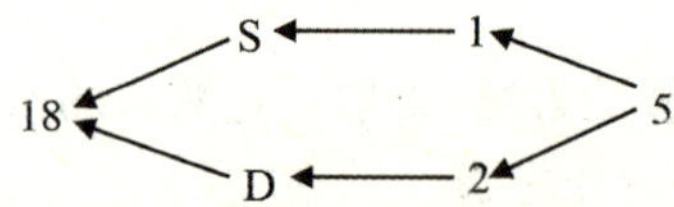

图13.6 18号个体的系谱

4. 在一个200头牛的畜群中,按近交程度分类,属于祖孙交配的有34头,半同胞交配的有70头,全同胞交配的有56头,父女交配的有16头,其余全为叔侄或姑侄交配,试计算其畜群平均近交系数。

5. 在一个近50头乳牛的牛场,计划将畜群的近交系数增量控制在每代3%～4%范围内,试问需要利用几头公牛才能达到此目的?试问需要经过多少年畜群近交系数可增加到10%?

实验十四 群体有效含量的计算

一、实验目的

(1)熟悉并掌握公母畜数不等情况下和留种方式不同情况下的群体有效含量的计算方法。

(2)了解群体有效含量与近交系数变化的关系。

二、实验原理

群体含量是影响遗传漂变程度和近交增量的主要因素,在群体遗传学中,群体规模的大小采用群体有效含量(N_e)来表示,即有繁殖能力的有效个体数。群体有效含量是指实际群体的遗传漂变程度与近交速率相当于理想群体时的个体数,或者在遗传漂变程度与近交增量上,实际群体的个体数相当于理想群体的个体数。理想群体是指公母各半、随机交配、规模恒定、世代间不重叠且不存在选择和突变的群体。群体有效含量决定了群体平均近交系数增量(ΔF)的大小,反映了群体遗传结构中基因的平均纯合速度。当初始群体的近交系数为零时,t世代的近交系数F_t与近交系数的增量(ΔF)的关系如下:

$$\Delta F = \frac{1}{2N_e}$$

$$F_t = 1 - (1 - \Delta F)^t$$

家畜留种数量和方式会影响群体有效含量,留种方式和公母比例不同时,群体有效含量的计算方法也不相同。

三、实验仪器与材料

计算器或电脑。

四、实验方法

(一)公母畜数量不等,随机留种

在随机留种、公母畜数量不等时,群体有效含量按下式计算:

$$N_e = \frac{4N_S \cdot N_D}{N_S + N_D}$$

$$\Delta F = \frac{1}{2N_e} = \frac{1}{8N_S} + \frac{1}{8N_D}$$

N_e:代表群体有效含量;

N_S:代表公畜数量;

N_D:代表母畜数量;

ΔF:代表近交速率,亦即每代近交增量。

示例:试计算一个10头公猪和50头母猪的猪群,采用随机留种方式,计算它的群体有效含量与近交增量。

代入公式后则得:

$$N_e = \frac{4 \times 10 \times 50}{10 + 50} = 33.3$$

$$\Delta F=\frac{1}{2\times 33.3}=0.015=1.5\%$$

这一有效含量33.3的意思是说，此猪群的公母猪总数虽为60头，但由于两性数目不等（10♂:50♀），其基因丢失概率与近交速率，和总数只有33.3头且公母各半的理想群体相同。

（二）公母畜数量不等，家系等量留种

在生产中采用公母畜各半的留种方式，经济上很不合算，大多数情况下公畜留种的数量少于母畜。假如两性的数目不等，公畜N_S头，母畜N_D头，但选留作种用的个体，在数目上和性别比例上仍然保持各家系相同，这时群体有效含量按下式计算：

$$N_e=\frac{16N_S\times N_D}{3N_D+N_S}$$

$$\Delta F=\frac{1}{2N_e}=\frac{3}{32N_S}+\frac{1}{32N_D}$$

示例：一个10头公猪和50头母猪的猪群，采用各家系等量留种方式，其群体有效含量和每代近交增量应是多少？

代入公式后则得：

$$N_e=\frac{16\times 10\times 50}{3\times 50+10}=50$$

$$\Delta F=\frac{1}{2\times 50}=0.01=1\%$$

通过比较可以看到，采用随机留种的群体有效含量，只相当于采用各家系等数留种法时的2/3，因而近交系数随世代上升的速度也要加快50%。这就说明，为取得保种的成功，采用各家系等数留种法为好。

（三）公母数目相等，但家系间留种数不同

当群体中公母数量相等，但各家系间留种的后代数有多有少，这就会直接影响群体有效含量的大小。这时群体有效含量的计算公式为：

$$N_e=\frac{4N}{2+\sigma^2}$$

N：代表群体实际含量，公母畜各半。

σ^2：代表家系含量方差。

如某个群体的总数保持不变，即每对父母平均留下两个后代，在随机留种时，各个家系留下的后代数属于一个普哇松分布，此时家系含量的方差等于每家系留种的平均数，即为2，这时：

$$N_e=\frac{4\times N}{2+2}=N$$

即当群体中两性数目相等，随机留种情况下，群体有效含量等于繁殖群体的实际数。

如果在每个家系后代中实行等量留种，这时家系含量的方差$\sigma^2=0$，则：

$$N_e=\frac{4\times N}{2+0}=2N$$

即群体有效含量为两性数目相等的实际群体数的2倍。所以在保种过程中，为了使有限群体保持最大可能的有效大小，对各家系实行等量留种是一种有效的措施。

(四)在连续世代中,繁殖个体数量不等

如果群体在不同世代的规模是变化的,即每代参加繁殖的家畜数不相同时,这时t世代的平均群体有效含量为各世代群体有效含量的调和均数。

$$\frac{1}{N_e}=\frac{1}{t}\left(\frac{1}{N_1}+\frac{1}{N_2}+\frac{1}{N_3}+\cdots+\frac{1}{N_t}\right)$$

$$\Delta F=\frac{1}{2t}\left(\frac{1}{N_1}+\frac{1}{N_2}+\frac{1}{N_3}+\cdots+\frac{1}{N_t}\right)$$

式中:t为世代数;N_t为各世代的群体有效含量。由上式可看出,平均群体有效含量更偏向于个体少的世代。

五、作业与思考

1. 今有一个由2 000头母牛和20头公牛组成的封闭牛群,试计算:(1)当20头公牛都用于本交时牛群的有效含量;(2)采用人工授精后配种公牛减至5头时牛群的有效含量;(3)采用和不采用人工授精时的近交速率。

2. 今有两个由100只母鸡和10只公鸡组成的鸡群,分别采用随机留种法和各家系等数留种法,要求计算出各自的群体有效含量和近交速率,然后加以比较和配以文字说明。

3. 今有一保种核心群,拟选集100只优秀母羊,每代近交增量控制在1%左右,试问需要多少只公羊和采用何种方式,才能使群体有效含量保持为100头?如果采用随机留种法,公羊需增加到多少只?

4. 有A、B、C三个群体,它们的数量如下,总头数都是100头,计算它们的群体有效含量和近交速率各是多少?

A群:♂50　♀50

B群:♂20　♀80

C群:♂5　♀95

实验十五　杂种优势的估测

一、实验目的

(1)熟悉并掌握估测杂种优势的方法。

(2)通过一般配合力与特殊配合力的计算以了解不同亲本的配合力,从而选出优良的杂交组合。

二、实验原理

杂种优势是生物界普遍存在的一种生物学现象,当F_1代杂种优于双亲之一时,就表明有明显的杂种优势存在。通过杂交试验进行配合力测定,是选择理想杂交组合的必要方法。配合力是指种群通过杂交能够获得的杂种优势程度,即杂交效果的好坏和大小,配合力包括一般配合力和特殊配合力。一般配合力是一个种群与其他各种群杂交所能获得的平均效果,即其所有杂交组合中杂种优势的平均数值,一般配合力的基础为基因的加性效应,因此,遗传力较高的性状具有较好的一般配合力。某品种的一般配合力良好,说明该品种与不同品种杂交都能获得良好的杂交效果。特殊配合力是指两个特定种群间杂交所能获得超过一般配合力的杂种优势,特殊配合力的基础是基因的非加性效应,即显性、超显性与上位效应,因此,遗传力较低的性状具有较高的特殊配合力。

对实际杂交而言,并不是任何两个品种杂交都能产生良好的效果,配合力测定就是通过杂交实验来选择能够获得最大杂种优势后代的杂交亲本,从而找出最佳的杂交组合,以充分利用杂种优势。配合力测定主要是测定特殊配合力,特殊配合力一般以杂种优势值表示,杂种优势值是杂种群体平均值超过双亲平均值的部分。杂种优势率是指杂种优势值占亲本均值的百分比,计算公式为:

$$\text{杂种优势值:}H=\overline{F}_1-\overline{P}$$

$$\text{杂种优势率:}H(\%)=\frac{\overline{F}_1-\overline{P}}{\overline{P}}\times 100\%$$

三、实验仪器与材料

畜禽生产性能数据资料、计算器或电脑。

四、实验方法

1. 首先计算杂交实验中亲本纯繁组的平均值

两个种群(品种或品系)杂交时,亲本平均值为杂交亲本群的调和平均数。

$$\overline{P}=\left(\overline{A}+\overline{B}\right)/2$$

多个种群(品种或品系)杂交时,亲本平均值应按各亲本在杂种中所占的成分进行加权平均。以三元杂交为例,A、B为第一次杂交亲本值,C为第二次杂交的亲本值。

$$\overline{P}=\frac{1}{4}\left(\overline{A}+\overline{B}\right)+\frac{1}{2}\overline{C}$$

式中:$\overline{P}$为亲本平均值,$\overline{A}$、$\overline{B}$、$\overline{C}$为杂交亲本群的平均值。

2. 求出该杂种性状的平均值，即 $\overline{F}$

3. 计算杂种优势值和杂种优势率

例：某本地黄牛和西门塔尔牛杂交，杂交实验结果见表15.1，计算其杂种优势值和杂种优势率。

表15.1　本地黄牛×西门塔尔牛杂交实验结果

组别	头数	平均出生重(kg)
本地黄牛×西门塔尔牛	17	30.5
本地黄牛×本地黄牛	14	17.6
西门塔尔牛×西门塔尔牛	12	36.2

$$\text{杂种优势值}:H=\overline{F}_1-\overline{P}=30.5-\frac{1}{2}(17.6+36.2)=3.6$$

$$\text{杂种优势率}:H(\%)=\frac{\overline{F}_1-\overline{P}}{\overline{P}}\times 100\%=13.38\%$$

例：A、B、C三个品种猪杂交实验结果见表15.2，计算杂种优势值和杂种优势率。

表15.2　A、B、C三个品种猪杂交实验结果

组合	头数	平均日增重(g)
A×A	6	258.85
B×B	4	180.54
C×C	4	225.10
AB×C	4	278.41

$$\overline{P}=\frac{1}{2}\times 225.10+\frac{1}{4}(258.85+180.54)=222.40$$

$$\text{杂种优势值}:H=\overline{F}_1-\overline{P}=278.41-222.40=56.01$$

$$\text{杂种优势率}:H(\%)=\frac{\overline{F}_1-\overline{P}}{\overline{P}}\times 100\%=\frac{56.01}{222.40}\times 100\%=25.18\%$$

五、作业与思考

1. 选择白羽、黄羽、栗羽3个品系鹌鹑进行纯繁和二元杂交，然后收集种蛋进行孵化与饲养，测定其开产日龄和开产蛋重，并计算开产日龄和开产蛋重的杂种优势值和杂种优势率。分析计算结果，挑选出最好的杂交组合。

2. 根据表15.3肉兔90日龄体重资料，计算4个肉兔品种的一般配合力、正反交组合的特殊配合力及杂种优势率，分析计算结果，选出最好的杂交组合。

表15.3　4个肉兔品种杂交实验结果　　(单位:g)

品种	比利时兔♀	加利福尼亚兔♀	新西兰兔♀	齐卡兔♀
比利时兔♂	2 416.5	2 264.7	2 086.7	2 522.8
加利福尼亚兔♂	2 345.3	2 215.3	2 176.8	2 318.9
新西兰兔♂	2 143.6	2 176.6	2 205.1	2 156.0
齐卡兔♂	2 578.3	2 215.2	2 147.0	2 114.5

实验十六　畜禽杂交组合试验的设计与实施

一、实验目的

(1)了解畜禽杂交组合的方式及方法。

(2)学会杂交组合试验的设计并能进行实施。

二、实验原理

品种间与品系间杂交是生产商品畜禽的主要方法,杂交可以充分利用种群间的互补效应,尤其是可以充分利用杂种优势。杂交效果可以通过亲本种群的表型值及其他一些信息做出初步预测,但要找到最适宜的杂交方案和对更复杂的杂交方式下的杂种性能进行预估,还需进行具体的杂交试验来估计配合力。杂交用的亲本种群是否妥当,关系着杂种能否得到优良、高产及非加性效应大的基因和基因型,进而决定杂交能否取得最佳效果。

在杂交优势利用过程中,最终商品畜禽的整个生产过程可能涉及不同数量的种群、不同数量的层次以及不同的种群组织方法,即可能采用不同的杂交方式。畜禽中常用的杂交方式有二元杂交、三元杂交、双杂交、回交、轮回杂交。二元杂交是用两个种群杂交一次,杂种一代全部用作商品。三元杂交是用两个种群杂交,所生杂种母畜再与第三个种群杂交,所生杂种二代用作商品,这种杂交方式产生的杂种优势可能要大于二元杂交。回交是两个种群杂交,所生杂种母畜再与两个种群之一杂交,所生杂种一律用作商品。不同的杂交方式具有不同的特点和功能,适用的场合也有所不同。在实际生产中,应根据具体情况确定采用哪种杂交方式,不同的杂交组合产生的杂种优势不同,其准确的杂交效果必须通过杂交试验才能最终确定。

三、实验仪器与材料

畜禽生产性能资料与试验畜禽。

四、实验方法

以肉兔的杂交组合试验为例,简要介绍杂交组合试验。

(一)明确杂交的目的

在进行杂交之前,必须明确杂交的目的,如提高肉兔的产仔数、日增重及饲料报酬等。

(二)设计杂交组合试验

1. 确定杂交的品种与杂交方式

根据畜禽杂交的目的,分析品种的特性,确定杂交所用的品种与杂交方式。如选用比利时兔分别与新西兰兔、加利福尼亚兔、齐卡兔组成6个正反交杂交组合,并进行品种间杂交组合试验。

2. 性能测定项目

测定项目包括4个纯繁组和6个杂交组的初生产活仔数、4周龄成活数、初生窝重、4周龄断奶窝重、30～90日龄阶段肉兔的平均日增重、饲料利用率。

3. 饲养管理

试验动物的饲养管理条件应一致，饲粮营养水平参考相应的饲养标准。

（三）杂交组合试验的实施

按照设计的杂交组合试验方案进行实施，同时进行相关的生产性能测定。

（四）筛选优秀杂交组合

利用生产性能测定结果，计算产仔数、日增重和饲料报酬的杂种优势率，筛选出优秀杂交组合。

五、作业与思考

1. 以白羽、黄羽、栗羽三个蛋用品系鹌鹑为试验动物，设计并实施杂交组合试验，并对杂交试验结果进行分析，筛选出产蛋性能好的杂交组合。

2. 以荣昌猪为母本，长白猪、约克夏猪为父本进行二元杂交和三元杂交。即先由长白猪、约克夏猪为父本分别与荣昌母猪杂交，得到2个二元杂交组合，杂种一代再分别与约克夏公猪、长白公猪杂交，形成2个三元杂交组合，因此，2个二元杂交组合、2个三元杂交组合、3个纯繁亲本共7个组合进行生长发育和育肥试验，对杂交试验结果进行分析，筛选出生长发育和育肥性能好的杂交组合。

实验十七　畜禽新品系培育方案的设计

一、实验目的

通过设计和制订畜禽新品系培育方案，掌握培育专门化品系的方法。

二、实验原理

品系是指一群具有突出优点并能将这些优点相对稳定地遗传下去的种畜群。品系可以分为地方品系、单系、近交系、群系和专门化品系。地方品系是指由于各地生态条件和社会经济条件的差异，在同一品种内经长期选育而形成的具有不同特点的地方类群。单系是来源于同一头系祖，并且具有与系祖相似的外貌特征和生产性能的畜群。单系的培育采用系祖建系法。近交系是通过连续近交形成的品系，群体的平均近交系数达37.5%以上，是通过近交建系法培育而成的。群系是由群体继代选育法建立的多系祖品系。专门化品系是具有某方面突出优点，并专门用于某一配套系杂交的品系，可分为专门化父本品系和专门化母本品系。

专门化品系的建立可采用近交建系法、群体继代选育法和正反交反复选择法。群体继代选育法是从选集基础群开始，然后封闭畜群，再在闭锁的小群体内逐代根据生产性能、体质外形、血统来源等进行相应的选种选配，以培育符合预定品系标准、遗传性稳定、整齐均一的畜群。群体继代选育法采用"无系祖建系"、综合选择指数和随机交配的措施都是从群体角度考虑，与以一个系祖为中心的品系繁育大不相同，具有世代周转快、世代分明不重叠、育种群要求不大、方法简便易行等优点，在专门化品系培育中被广泛应用。

三、实验仪器与材料

畜禽生产性能资料。

四、实验方法

畜禽新品系培育方案的设计内容一般包括以下几部分。

(一)明确培育新品系的目的与意义

培育畜禽新品系可以加快种群的遗传进展，加速现有品种的改良，促进新品种的育成和充分利用杂种优势。因此，在制订方案时应明确新品系培育的目的及其对当地畜牧业发展会产生的影响。

(二)调查品系培育的相关背景

了解当地的自然条件和社会经济条件；调查当地的畜禽品种资源情况及育种场的基础状况，如品种、数量、分布、生产水平、优缺点等；收集和分析相关畜禽的历史资料，认真研究育种现状，掌握该畜种的生产条件、生产现状、技术水平、特点及发展趋势等，并估计投入和产出的关系，便于拟订正确的育种目标。

(三)确定育种目标

根据育种场的畜群状况和技术经济条件，拟订选育的性状及其所要达到的预期目标。

（四）选择品系培育方法

根据育种目标，挑选育种素材，并采用群体继代选育法进行培育，具体步骤如下。

1. 明确建系目标

首先，初步确定采用哪几系配套生产杂优商品畜，哪一个作父系，哪一个作母系。其次，将重要经济性状分配到不同的专门化品系中作为育种目标性状，进行集中选择。

2. 组建基础群

采用群体继代选育法建立专门化品系时，基础群可在纯种基础上建系，也可在杂种基础上建系，但后者要求基础群规模更大些。基础群质量要好，要满足三个条件：必须具有广泛的遗传基础；基础群内个体要有突出的特点，以某一特定性状目标组成群体时，该特定性状必须高于全群平均水平，其他性状的表型也应合格；基础群内个体的近交系数最好都为零。基础群的规模应根据选种效率、性能测定能力、畜禽容量、检验费用等多方面确定。

3. 专门化品系的选择方案和选择方法

基础群组成后，畜群应进行闭锁繁育，中途一般不再引入新的基因，更新用的后备畜禽都应从基础群的后代中选择。专门化品系的父系、母系选择的目标性状和选择方法不同，但都必须根据选择指数进行选择，以提高选择的准确性。

4. 配合力测定

培育专门化品系的过程中，一般要求从第三世代开始，每一世代都要进行配合力测定。

（五）明确品系培育条件

品系培育应在与推广地区相似或稍优于推广地区的条件下进行，包括自然环境条件和饲养管理条件。

（六）拟定年度进展

在计划期内，根据不同畜种及其世代间隔，拟定年度进展。

（七）育种计划拟订与实施

育种计划包括育种群的建立、年度育种方案实施、育种计划的年度进展、育种档案的记录、资料的整理分析及育种群的饲养等，计划拟订完成后进行实施，同时还应成立领导和技术人员组成的育种工作小组，以确保育种计划的顺利实施。

五、作业与思考

1. 调查学校牧场鹌鹑养殖的实际情况，根据所学的动物遗传育种理论知识，制订一个蛋用品系鹌鹑的培育方案。

2. 对当地某一畜禽场的生产和市场情况进行实际调查研究，制订一个合理并切实可行的品系培育方案。

实验十八 畜禽杂交育种方案的制订

一、实验目的

通过设计和制订畜禽杂交育种方案，熟悉并掌握杂交育种的主要步骤和方法。

二、实验原理

畜禽品种或品系间的杂交，不但用于产生杂种优势品种，也用于培育新品种。杂交育种是通过两个或两个以上品种或品系间的杂交，从杂交后代中发现新的有利变异或新的基因组合，通过育种措施把这些有利变异和优良基因组合固定下来，并稳定遗传给后代，从而培育出新的畜禽品种。

畜禽杂交的方式有多种，目的不同，采用的杂交方法也不同。级进杂交一般在需要彻底改造某个种群（品种或品系）的生产性能或改变生产方向时使用。对于原有种群（品种或品系）生产性能基本符合需要，局部缺点在纯繁下不易克服，此时宜采用导入杂交。在杂交育种过程中，根据育种目标，有的采用两个品种进行杂交即可满足要求，有的采用三个或三个以上的品种杂交才能获得理想的杂交后代。在杂交过程中，运用的品种越多，后代的遗传基础越复杂，需要培育的时间就越长。因此，杂交前应根据每个品种的性状及特点，确定好父本和母本，认真推敲先用哪两个品种，后用哪一个或哪几个品种。

杂交育种根据育种目标可分为改变畜禽主要用途的杂交育种、提高生产能力的杂交育种、提高适应性和抗病力的杂交育种；根据育种工作的起点可分为在现有杂交群基础上的杂交育种和有计划从头开始的杂交育种。目前利用现有种群（品种或品系）进行有目的的杂交育种，是培育畜禽新品种的一条重要而有用的途径。畜禽杂交育种方案必须根据实际的生产条件和市场需求，结合育种目标进行设计和制订。

三、实验仪器与材料

畜禽生产性能资料和系谱资料。

四、实验方法

为了达到杂交育种的具体目的，发挥其创造性作用，在育种开始以前，必须拟订杂交育种方案，包括杂交育种的意义和作用、杂交育种的原则、杂交育种的主要步骤、杂交培育新品种的注意事项等。

（一）杂交育种的意义和作用

杂交育种不但可以培育出适合本地条件且生产力高、具有良好抗逆性的家畜品种，还可以培育出耐粗饲和利用饲料能力强或者生产新型产品的家畜品种，育种者应根据育种目标明确杂交育种在新品种培育中所起的作用。

（二）杂交育种的原则

杂交育种的原则包括要有明确的目的、可靠的依据、具体的目标、周密的计划和必要的组织。

1. 要有明确的目的

在畜禽新品种培育前和培育过程中应考虑“为什么需要培育新的畜禽品种”，在原有畜禽确实不能满足要求时，才宜根据生产需要培育新品种。在培育时，要明确培育的目的，以便针对那些要求有的放矢地进行工作。

2. 要有可靠的根据

培育前应查阅大量资料，仔细调查畜禽生产及育种现状，包括当地的自然条件、社会条件、技术条件和饲料条件，基础畜禽的数量和分布、用途和水平、优点和缺点，以及拟采用的各个品种的具体情况和杂交育种过程中可能起到的作用等。

3. 要有具体的目标

杂交育种的目标要根据掌握的资料、生产的需要和客观的条件经过研究来决定。如培育适应我国南方饲养环境的奶牛品种，在保持某牛种繁殖性能、无遗传缺陷的基础上，以产奶、耐热、体型外貌三方面性状为改良重点，提高奶牛生产水平。

具体育种指标：

①产奶性状

②耐热性状

③体型外貌

有了具体的目标，才好拟订完成的方法和措施，制订目标时还要在具体内容上主次分明、重点突出。杂交育种的目标既要考虑当前又应照顾长远需要，但不宜一下订得过高。

4. 要有周密的计划

计划应根据当地条件、具体需要和可靠资料进行拟订，并反复讨论培育方法、步骤和措施是否得当。计划中应确定参与杂交的畜种、品种及其基础群的数量和质量要求。如杂交用几个品种、选择哪几个品种、杂交的代数、每个参与杂交的品种在新品种血缘中所占的比例等，都应该在杂交开始之前确定。

5. 要有必要的组织

培育畜禽新品种是一项大型工程，需要大量人力、物力、财力来完成，在具体组织时应全面考虑，必须在周密的计划下认真组织落实。

(三)杂交育种的步骤

1. 杂交

通过品种间的杂交，使两个或多个品种基因库的基因重组，杂交后代中会出现各种类型的个体，通过选择理想型的个体组成新的类群进行繁育。杂交阶段的工作，除了选定杂交品种以外，每个品种中的与配个体的选择、选配方案的制订，杂交组合的确定等也都直接关系着理想后代能否出现。

2. 理想性状的固定

这阶段要停止杂交，进行理想杂种个体群内的自群繁育，以期使目标基因纯合和目标性状稳定遗传。主要采用同型交配方法，有选择地采用近交，近交的程度以未出现近交衰退现象为度。

3. 扩群提高

迅速增加群体数量和扩大分布地区，培育新品系，建立品种整体结构和提高品种品质，完成一个品种应具备的条件，使已定型的新类群增加数量、提高质量。

(四)杂交培育新品种的注意事项

(1)要慎重选择杂交用的品种及个体,确定好杂交的组合及代数。

(2)对杂种要严格选留并认真培育。

(3)适当采用近交,严格进行淘汰。

(4)积极繁育和大力推广理想型个体。

(5)要及时建立品系。

五、作业与思考

1. 根据你所在家乡拥有的本地黄牛资源,采用杂交育种的方法,育成一个生长速度快、适应性强、肉质好的肉牛新品种,请制订其育种方案。

2. 以学校牧场现有的白羽、黄羽、栗羽蛋用鹌鹑为材料,通过杂交育种的方法进行鹌鹑新品系的培育,使其产蛋量和饲料报酬提高,请制订其杂交育种方案。

3. 荣昌猪因产于重庆市荣昌县而得名,是我国著名三大地方良种之一,具有耐粗饲、适应性强、肉质好、配合力好、鬃质优良、遗传性能稳定等特点。长白猪是世界著名的瘦肉型猪种,具有产仔数多,生长发育快,饲料报酬高,胴体瘦肉率高等特点,但其抗逆性差,对饲料营养要求较高。新荣昌猪Ⅰ系就是利用荣昌猪和长白猪杂交培育而成,请以新荣昌猪Ⅰ系为例,制订其杂交育种方案。

附录一　χ^2 值表

自由度 df	概率值(P)									
	0.995	0.990	0.975	0.950	0.900	0.100	0.050	0.025	0.010	0.005
1	0.000	0.000	0.001	0.004	0.016	2.706	3.841	5.024	6.635	7.879
2	0.010	0.020	0.051	0.103	0.211	4.605	5.991	7.378	9.210	10.597
3	0.072	0.115	0.216	0.352	0.584	6.251	7.815	9.348	11.345	12.838
4	0.207	0.297	0.484	0.711	1.064	7.779	9.488	11.143	13.277	14.860
5	0.412	0.554	0.831	1.145	1.610	9.236	11.070	12.833	15.086	16.750
6	0.676	0.872	1.237	1.635	2.204	10.645	12.592	14.449	16.812	18.548
7	0.989	1.239	1.690	2.167	2.833	12.017	14.067	16.013	18.475	20.278
8	1.344	1.646	2.180	2.733	3.490	13.362	15.507	17.535	20.090	21.955
9	1.735	2.088	2.700	3.325	4.168	14.684	16.919	19.023	21.666	23.589
10	2.156	2.558	3.247	3.940	4.865	15.987	18.307	20.483	23.209	25.188
11	2.603	3.053	3.816	4.575	5.578	17.275	19.675	21.920	24.725	26.757
12	3.074	3.571	4.404	5.226	6.304	18.549	21.026	23.337	26.217	28.300
13	3.565	4.107	5.009	5.892	7.042	19.812	22.362	24.736	27.688	29.819
14	4.075	4.660	5.629	6.571	7.790	21.064	23.685	26.119	29.141	31.319
15	4.601	5.229	6.262	7.261	8.547	22.307	24.996	27.488	30.578	32.801
16	5.142	5.812	6.908	7.962	9.312	23.542	26.296	28.845	32.000	34.267
17	5.697	6.408	7.564	8.672	10.085	24.769	27.587	30.191	33.409	35.718
18	6.265	7.015	8.231	9.390	10.865	25.989	28.869	31.526	34.805	37.156
19	6.844	7.633	8.907	10.117	11.651	27.204	30.144	32.852	36.191	38.582
20	7.434	8.260	9.591	10.851	12.443	28.412	31.410	34.170	37.566	39.997
21	8.034	8.897	10.283	11.591	13.240	29.615	32.671	35.479	38.932	41.401
22	8.643	9.542	10.982	12.338	14.041	30.813	33.924	36.781	40.289	42.796
23	9.260	10.196	11.689	13.091	14.848	32.007	35.172	38.076	41.638	44.181
24	9.886	10.856	12.401	13.848	15.659	33.196	36.415	39.364	42.980	45.559
25	10.520	11.524	13.120	14.611	16.473	34.382	37.652	40.646	44.314	46.928
26	11.160	12.198	13.844	15.379	17.292	35.563	38.885	41.923	45.642	48.290
27	11.808	12.879	14.573	16.151	18.114	36.741	40.113	43.195	46.963	49.645
28	12.461	13.565	15.308	16.928	18.939	37.916	41.337	44.461	48.278	50.993
29	13.121	14.256	16.047	17.708	19.768	39.087	42.557	45.722	49.588	52.336
30	13.787	14.953	16.791	18.493	20.599	40.256	43.773	46.979	50.892	53.672
40	20.707	22.164	24.433	26.509	29.051	51.805	55.758	59.342	63.691	66.766
50	27.991	29.707	32.357	34.764	37.689	63.167	67.505	71.420	76.154	79.490
60	35.534	37.485	40.482	43.188	46.459	74.397	79.082	83.298	88.379	91.952
70	43.275	45.442	48.758	51.739	55.329	85.527	90.531	95.023	100.425	104.215
80	51.172	53.540	57.153	60.391	64.278	96.578	101.879	106.629	112.329	116.321
90	59.196	61.754	65.647	69.126	73.291	107.565	113.145	118.136	124.116	128.299
100	67.328	70.065	74.222	77.929	82.358	118.498	124.342	129.561	135.807	140.169

附录二　鹌鹑的饲养管理技术

一、鹌鹑的孵化

（一）鹌鹑蛋孵化的条件

1. 温度

温度是胚胎发育的首要条件。鹌鹑和其他禽类一样，可采用恒温孵化或变温孵化。变温孵化是根据胚胎发育的不同时期对温度的需要不同来控制温度，在孵化初期，需较高温度；随着胚胎日龄的增加，温度逐渐降低；到后期，因胚胎自身产生大量生理热，孵化温度可再低些。因此，采用变温孵化应掌握前高、中平、后低的特点，温度控制因孵化器种类不同而不同。立体孵化器温度控制在37.2 ℃～38.5 ℃。若孵化器是分批入蛋的，要采取恒温孵化，温度为37.8 ℃，孵化室的温度一般为20 ℃～25 ℃。

2. 湿度

湿度也是影响鹌鹑胚胎正常发育的重要因素之一。湿度过低，会使鹌鹑蛋水分蒸发过多而干死，即使鹌鹑能出壳也是干瘦的，湿度过高会限制蛋内水分必要的蒸发，会使出壳幼鹑胀肚甚至闷死。孵化器内要求的相对湿度是55%～70%。在孵化前期湿度为55%～60%，孵化后期湿度应提高至70%。在孵化器的底层放水盘或湿毛巾可保持孵化器内的湿度，水盘的数量及其内的盛水量也可调节相对湿度。湿度与通风有密切关系，加大通风量可使湿度降低，所以对孵化器的通风量要控制适当。

3. 翻蛋

翻蛋是使鹌鹑蛋的各个部位受热均匀，防止胚胎与蛋壳粘连，也有利于胚胎对营养的吸收。翻蛋次数越多，孵化效果就越好。孵化过程中要每隔两小时翻一次，翻蛋的角度以90°为好。14 d以后停止翻蛋，避免强烈震动，以防鹌鹑被震死在蛋壳内。

4. 通风

胚胎在发育过程中，必须不断与外界进行气体交换。随着孵化日龄的延长，胚胎日益增大，需要的氧气量就愈来愈多，排出的二氧化碳也随之增加。可通过孵化机周壁的通气孔来调节通风，孵化前期胚胎所需要的氧气少，依靠蛋内气室和孵化器内的氧气就够了。这时，可将孵化器的通气孔关闭。孵化中、后期胚胎需要的氧气量增加，这时，要将孵化器的通气孔全部打开。

（二）种蛋选择

（1）鹌鹑种蛋必须是经过合理改良、血缘清楚、管理正常、健康、公母比例适当、受精率高的高产鹑群所产。

（2）蛋用鹌鹑的种蛋重量一般为10～12 g，蛋过大的孵化率低，过小的孵出的鹌鹑小。

（3）种蛋的形状应近似椭圆形，蛋皮黄褐色并带有黑褐色的块斑，大小要适当。过长的蛋小头空隙小，雏鹑转不过身，易憋死。

（4）种蛋的蛋壳厚薄要适当，壳薄易破碎，水分也容易蒸发，容易死胚；过厚幼雏不易出壳。

（5）种蛋的贮存时间愈短愈好，以贮存7 d为宜，3～5 d为最好的保存期。

（6）种蛋贮藏温度以10 ℃～15 ℃最适宜，地点应冬暖夏凉、安静、条件适宜，相对湿度以

70%～75%为宜，保存时最好码放在蛋盘上，钝端要朝上，被污染的蛋不能作种蛋。

（三）种蛋消毒与入孵

1. 消毒

（1）新洁尔灭消毒法：5%新洁尔灭溶液加水稀释，配成0.1%溶液，用喷雾器将上述溶液喷洒在蛋面上即可。

（2）5%过氧化氢喷雾消毒：5%过氧化氢是近年种蛋的卫生消毒剂，其消毒效能等于或稍强于福尔马林。

（3）臭氧灯消毒：臭氧灯（40 W，可消毒20 m^3空间）照射孵化机、种蛋120 min。消毒效果良好，菌落消除率达87.55%以上。这种消毒法刺激性不大，解决了福尔马林消毒必须停止作业的矛盾，且在农村完全可以代替福尔马林消毒。

（4）高锰酸钾消毒法：用0.5%浓度的高锰酸钾溶液浸泡种蛋1分钟，取出沥干后装盘。

（5）福尔马林（甲醛溶液）烟熏法：把瓷盘放在蛋架下，盘中先放高锰酸钾，然后倒入甲醛，迅速将门关好，30 min后打开门和进气孔，取出蛋盘，开动风扇，把烟吹散，种蛋和孵化器就都得到了消毒。福尔马林30 g，与15 g高锰酸钾混合发烟，可消毒1 m^3的空间。对于大规模孵化种蛋来说应采用甲醛熏蒸法来消毒。

2. 入孵

将孵化机调试好，设定温度、湿度、翻蛋等参数，温度可设定为37.8 ℃，翻蛋间隔可设定为2 h。将消毒好的种蛋钝端朝上，锐端朝下（切忌将鹌鹑蛋的锐端朝上），放入清洗消毒后的鹌鹑孵化盘，小心放入蛋架即可。确定后让孵化机按照预设定的参数自动运行，注意加水，保证电源供应即可。

（四）照蛋

在孵化过程中，照蛋可以检查孵化与发育效果，确定受精与胚胎成活情况等。鹌鹑孵化过程中可照蛋两次，第一次剔除未受精蛋，第二次剔除死胚蛋。

第一次照可在孵化到第5～6 d时进行，目的是去除无精蛋。照蛋时可用照蛋器在晚上对种蛋逐个进行检查，白天要将室内遮暗后检查。照蛋器的种类很多，常用的手提式照蛋器，是箱内装一个灯泡作为光源，灯泡后面有一面反光镜可增强光照的强度。鹌鹑蛋较小，蛋壳表面有带色的斑点，蛋壳膜又厚，所以检查起来比较困难。孵化5～6 d的正常受精蛋，胚胎发育已出现蜘蛛状，照蛋时可见整个鹌鹑蛋发红，中心呈淡红色点，周围有蛛网状细血丝。若发现圆圈样的血丝，表明鹌鹑胚胎发育不良或发育中止。若没有红点，整个蛋较亮，则表明是无精蛋。

第二次照蛋主要是去除死胎蛋，避免其因高温而发臭，以保持孵化器的清洁卫生。孵化到第11～12 d时种蛋的尿囊已合拢（也称"封门"），照蛋时只见气室亮，其余部分呈暗色，两端发亮的为死胚胎。

（五）落盘出雏

孵化至第14 d，可将蛋移到出雏盘上，这时增加湿度，不需翻蛋，等待雏鹑出壳。第15～16 d时雏鹑便开始出壳，全部出完大约需一昼夜的时间。待出壳幼鹑的羽毛干后要及时取出放入育雏室。待大批出壳后，可将剩余的蛋放在一个盛有38 ℃温水的盆里，观察蛋是否能摇动(俗称“踩水”),能摇动的蛋其中的雏鹑还会出壳。第17 d出壳的雏鹑为弱雏,应与其他雏鹑共分开育雏。出雏后将孵化机清扫和消毒,水盘也要用3%来苏儿消毒。

二、鹌鹑育雏期的饲养管理

鹌鹑一般1～20日龄为育雏期。育雏的好坏直接影响着鹌鹑的生长发育、成活率、群体的整齐度、成年鹌鹑的抗病力、鹌鹑的产蛋量、产蛋高峰持续时间乃至整个产业的经济效益。

(一)鹌鹑育雏准备

1. 设施消毒

在育雏前,应对育雏室、育雏器、料槽、饮水器等进行全面的消毒工作,地面上用2%～5%的烧碱水进行消毒,室内墙壁用5%～10%的石灰乳粉刷,对料槽、饮水器等可用高锰酸钾溶液清洗消毒。

2. 保温设备准备

室内加热可采用煤油炉、木炭火盆或蜂窝煤炉等设施。育雏器加温一般采用电灯、红外线灯等,利用热源最合理的方法是从育雏器的上方给温,放入雏鹑前,检查所有电路与机件,用温度计测定温度,要求达到38 ℃～40 ℃。对于1周龄以内的雏鹑,应在网底铺上麻袋片,以防幼鹑因为双腿软弱无力而造成劈叉。饮水器蒙上细铁丝网或塑料网,避免淹死幼鹑。

3. 雏鹌鹑苗选择

好的鹌鹑标准是体格大、体重在7 g以上,眼大有神,健壮活泼。握在手中,感到柔软而有弹力,羽毛蓬松而不杂乱,丰满而有光泽。肚子不大,肚脐收缩好,腹部毛长而密,嘴和趾脚强壮无畸形,站立稳健,走动敏捷。

4. 雏鹌鹑饲养标准与饲料

生长鹌鹑日粮中蛋白质含量以20%～24%为好,而肉用鹌鹑应达到24%～29%,赖氨酸和蛋氨酸分别为1.4%和0.75%。鹌鹑日粮中的蛋白质和能量应有一定比例,在日粮中如能量高,蛋白质含量应相应提高;反之则应降低。鹌鹑适宜的蛋白能量比是16.7～20.3 g/MJ。

5. 育雏鹌鹑免疫程序

(1)1日龄用马立克液氮苗皮下注射0.2 mL;

(2)5日龄用法氏囊弱毒苗饮水;

(3)7日龄用Ⅳ系苗1头份滴鼻;

(4)10日龄用禽流感弱毒干苗点眼滴鼻;

(5)15日龄用法氏囊弱毒苗饮水。

6. 育雏期鹌鹑的饲养管理

(1)温度

刚出壳的鹌鹑体温调节能力差,第1～3 d育雏室温度要保持在36 ℃～38 ℃,第4～10 d保持在32 ℃～35 ℃,以后每周下降2 ℃～3 ℃,育雏室温要根据群体大小、天气变化和鹌鹑状态来确定。一般观察幼鹑的表现和行动,正确地掌握适宜的温度。温度适宜时,雏鹑表现为活泼,食欲良好,饮水适度,羽毛光滑整齐,休息时睡得分散、均匀、互不挤压,而且安稳,不大发出叫声。

温度过高时，幼鹑表现为张口呼吸、抢水喝、喘气、张开翅膀。同时，容易患感冒和呼吸器官疾病，或出现啄羽、啄肛等恶癖。温度过低时，幼鹑表现为拥挤在热源附近、缩立一隅、不大活动、羽毛竖起、夜间睡眠不稳、闭眼尖叫、拥挤扎堆。温度过低会使雏鹑受凉拉稀，甚至容易诱发白痢或呼吸道等疾病。刚出壳的幼鹑须置于38 ℃的环境中，随着日龄的增长每天可逐渐下降约0.5 ℃。

(2)湿度

为防止雏鹑脱水，1~5日龄育雏室内相对湿度应保持在65%~70%，以后逐渐降低，保持在50%~60%即可。如室内湿度过高易引起病原微生物滋生，饲料霉变造成肠道疾病的发生。湿度过低易引起雏鹑脱水和呼吸道病症，可通过地面洒水的方式来调节湿度。

(3)光照

第一周的光照时间为24 h，第8~14 d为16 h，第15~20 d为10 h，光源为白炽灯，在自然光照时间较长的季节，要把窗户遮好，保持光照时间和照度。

(4)饮水

幼鹑的饲喂原则是先饮水后开食。幼鹑出壳后，在孵化器内待毛干燥后将其取出放入育雏器，待其安静下来后，应先给鹑苗饮0.01%的高锰酸钾水，以消毒肠道；第1~3 d饮温开水，水中加适量葡萄糖。幼鹑饮温水后可以恢复精神；如较长时间不给水，一旦幼鹑遇水时，容易发生抢水暴饮，引起拉稀。

(5)喂料

鹌鹑饮水之后即可开食，一般开食不需要教，把料放在料槽让雏鹑自由采食，有一部分雏鹑啄食后，其他的雏鹑就会跟着采食，个别需要教的较弱鹌鹑应该单独放置。饲喂鹌鹑时要少喂勤添，不得断料，同时要保证鹌鹑有足够的吃料位置。1~7日龄鹌鹑每日饲喂6~8次，以后逐渐减至4次，也可任其自由采食。雏鹑每日每只平均采食量：1日龄1 g，3日龄3~4 g，5日龄5~7 g，7日龄9~11 g，11日龄13~15 g，15日龄16~18 g，以后自由采食。

(6)密度

根据鹌鹑群体的情况和季节调整饲养密度，一般日龄小时密度可大一些，冬天可以大一些，夏天要小一些，可以有10%~15%的增减幅度。总之，如何确定具体的饲养密度，应根据具体情况而定，一般1周龄、2周龄、3周龄、4周龄、商品鹌鹑及种鹌鹑每平方米饲养数分别为150只、100只、80只、60只、55只及42只，极限饲养数分别为200只、120只、100只、80只、66只及48只。

(7)日常工作

首先，按时投料喂水，每天清洗水槽，清理料槽，防止粪便等混入饲料或饮水中。尤其是在饮水中添加维生素、葡萄糖等会引起水槽黏附有机物，长期不清洗水槽会影响鹌鹑健康。

其次，每天清除粪便，避免粪便堆积发出不良气味，也防止鹌鹑啄食粪便。观察粪便性状，检测鹌鹑健康状况。

还要勤于观察，雏鹑如果精神良好，动作敏捷，姿态正常，羽毛紧凑，说明一切情况是正常的；如果有异常现象发生，首先要检查温度和通风换气是否适宜，再检查一下饲料和饮水是否干净，投料、饮水是否适当，找到原因后要及时妥善处理。发现病弱鹌鹑应立即隔离或淘汰掉。

三、鹌鹑育成期的饲养管理

育雏鹌鹑在20日龄后进入育成期，可以开始上笼架饲养。本阶段要保证鹌鹑的生长发育，控制体重增加，适当控制开产时间。

1. 脱温

脱温一般在气温允许情况下，可在转入育成舍前脱温（与室温同，即22 ℃～24 ℃）。脱温方法要逐步实施，先试断中午温度，后断下午温度，再断上午温度，接着断上半夜温度，最后断下半夜温度。脱温是个逐渐适应的过程，如遇天气骤变，或在冬季、早春、秋末，则育成舍仍需继续供温。

2. 饲料

给鹌鹑换喂育成饲料需要有一个过渡阶段（至少3 d），以免肠胃不适应。对于后备种鹑或商品蛋鹑而言，都应实行限饲。限饲法是降低蛋白质含量使其只需19%即可；限量法是只喂正常饲喂量的90%，以控制其体重，抑制生殖腺发育，适当推迟性成熟，并可防止脂肪肝综合征的发生，这样对种鹑的体质、种蛋的质量、种蛋的受精率均有益处，但一定要配合光照控制，防止性早熟。

3. 光照

全天光照不超过14 h，开产后再逐步按计划延长光照时间。夜间也可实施暗光照，最好采用红光照。

4. 称重

必须按周龄抽样称重10%的个体，以掌握限饲的实际效果。如低于标准重，可酌情调整饲粮配方或喂量，促其增重；如超过标准重，则停止增加蛋白质量或减少喂量。

5. 其他日常管理

与育雏期相同，进行消毒、通风、观察等。

四、鹌鹑产蛋期的饲养管理

一般40日龄的鹌鹑已经完成换羽进入成鹑阶段，这时早熟雌鹑开始产蛋，雄鹑开始鸣叫，50日龄雌鹑大部分开产，到60日龄时基本全群开产。产蛋鹌鹑（成鹑）的饲养方式多采用立体笼养，饲养管理主要是采用人工控制室内光照和温度，供给全价饲料，采取健全的防疫措施。

（一）鹌鹑产蛋期的饲养

1. 饲料营养水平

成鹑饲养的关键问题是给以营养丰富、配比合理的日粮。产蛋鹌鹑或种鹌鹑需要营养水平：一般粗蛋白水平为22%～24%，代谢能为2.6～2.8 Mcal/kg。产蛋鹑每日需要蛋白质5 g左右或日粮中应含蛋白质24%左右，每日采食量约为20 g，赖氨酸和蛋氨酸含量分别为1.1%和0.8%。

产蛋鹌鹑的饲料不仅要求营养全面，而且适口性也要良好，特别是要保持一定的蛋白质水平，如果蛋白质含量达不到标准，就会明显地影响产蛋率，甚至产出软皮蛋和白皮蛋。软皮蛋不容易产出，鹌鹑往往因难产憋死。另外，由于营养不良，产蛋鹑还会出现体弱、瘫痪、死亡现象。饲料中钙、磷比一定要保持在4:1的水平，这样才能有良好的产蛋效果。产蛋鹌

鹑不能缺乏维生素A、维生素D,否则抗病能力降低。

2. 饲喂与饮水

成鹑每天喂4次,分别于上午6时和11时、下午3时和6时饲。日喂量20 g左右,每周给一次细砂。如果采用的干粉料饲喂,可以只喂两次,减少工作量,但喂料量要足够成鹑整天采食。同时必须保证鹌鹑饮水充足,特别是炎热高温季节,更应勤添清洁饮水,并且饮水不要放置过久,以防污水引起肠炎、下痢等疾病。

(二)鹌鹑产蛋期的管理

1. 产蛋期应加强光照

光照对鹌鹑产蛋影响很大。因此必须给产蛋期的鹌鹑以充足的光照。但光照时间和强度均须适宜。光照除白天自然光照外,从黄昏到黎明整夜都应有光,防止室内黑暗。但光照不宜过强,以红光、黄光和白光为好,不宜使用蓝光、紫光。采用电灯补光,通常在每20~25 m^2面积饲养房内,离鹌鹑2 m高处悬挂一只60 W的电灯即可(室内笼多,可在两排笼中间的过道处悬挂)。这样早晚补光各一次,加上白天的自然光共15~16 h的光照。夜间照明时间结束后,还应继续开一个2 W的灯直亮到天明,这样食欲旺盛的鹑仍能继续采食。借鉴其他养殖单位经验,可以采用光照制度:36~40日龄为13 h,41~45日龄14 h,46~50日龄15 h,51~60日龄15.5 h,61日龄~淘汰为16(17) h。

2. 温度控制

温度低于10 ℃或高于30 ℃时,都会引起产蛋率下降。所以应根据气侯变化情况适当调节鹑舍温度。另外,立体饲养时,上下层的温度是不一样的(冬天时下层要比上层低5 ℃左右),因此应注意调温。调节的办法是冬天增加下层箱的饲养只数,夏天则降低饲养密度。

3. 换气

换气也极重要。当管理人员进人舍内感到恶臭或不适时,应立即打开排气孔和进气孔进行空气调节,以保证氧气的供给。

4. 及时拣蛋

每天鹌鹑产蛋的时间比较集中,一般从下午1时开始,到3时达到高峰,5时结束,故应每天早晨拣蛋。如果拣蛋不勤,就可能引起鹌鹑蛋鲜度下降,被粪便污染,破蛋增多和造成鹌鹑的食蛋癖。在配种期间,蛋槽有蛋也会影响配种。

5. 除粪

除粪工作最好每天一次,至少2~3 d清扫一次,粪便产生的氨气会影响空气质量。

6. 观察鹌鹑的健康与动态

每天都要注意观察鹑群的变化,发现异常反应要及时采取有效措施,以保证鹑群正常产蛋和健康生长。

第一,要观察鹌鹑的精神状态。每天早晨第一次饲喂前,首先把所有笼内的鹌鹑都仔细观察一遍。健康的鹌鹑活泼跳跃、展翅、追逐饲养员,公鹑鸣叫,如有呆立、打蔫、步态蹒跚、闭目昏睡、蹲在角落里的病鹌鹑,应及时隔离和治疗;对死亡的应立即取出解剖,找出病因和采取相应措施,被病鹑和死鹑污染的笼舍和地面应消毒处理。

第二,观察食欲情况。饲养员要观察饲槽内有无剩料,剩料过多则说明鹌鹑采食不好,可能是消化道有病或饲料适口性差，也要及时采取相应措施。

第三，要观察粪便。成鹑正常的粪便有一定硬度并呈暗绿色，一端有白色的尿液，公鹌鹑的粪便除有一定硬度并呈暗绿色外，还有灰白塑料泡沫状附着物。如果发现鹌鹑肛门附近的羽毛被粪便污染，或粪便过稀，说明鹌鹑患有肠炎、消化不良等病，应及时治疗。

7. 保持安静的环境

鹌鹑胆小，任何意外的刺激对鹌鹑的产蛋都有一定的影响，因此应尽可能地保持鹌鹑舍内安静，尽量避免非生产人员进鹑舍。饲养人员要保持相对稳定，不随意调换，饲养人员的工作服颜色也不要变换太大。饲养人员在舍内出入、活动、工作要轻手轻脚，以免鹌鹑受惊吓。

五、种鹌鹑的饲养管理

种鹌鹑饲养是鹌鹑种苗生产的基础，种鹌鹑分种公鹌鹑和种母鹌鹑，种母鹌鹑的饲养管理与蛋鹌鹑比较接近，种公鹌鹑则与其他鹌鹑养殖阶段有所差别。

（一）种鹌鹑选择标准

1. 种鹌鹑优劣的鉴别

优等：①眼睛大小要适中，目光有神；②颈要细长，头小而圆，嘴短而显得轻锐；③姿态要优美，羽毛具有光泽，肌肉丰满，皮薄腹软；④用手捉握时，显得和善。

中等：①眼大，目光不稳，警戒性强，显得惊惧；②头粗而圆；③用手捉握时，筋肉紧张，抵抗求脱；④姿态显得粗野。

下等：①眼大，目光锐利，遇人直视时就会逃避而做欲飞状；②头粗而狭长；③手握时极力抵抗求脱，惊惧、战栗，甚至脱羽；④姿态显得粗野，背腰处的凹凸不相称，羽毛无光泽。

2. 种鹌鹑的选择

种用鹌鹑三代以内必须发育良好、身强体健、羽毛光亮。

(1)雌鹑要求：体质健壮、活泼好动、食量较大、无疾病，产蛋能力强，年产蛋率75%～80%，月产蛋量在24～27枚及以上者。

高产雌鹑的选择方法：用左手抓雌鹑，把右手指放在肛门两侧的耻骨间，若间距有两指，并且耻骨和胸骨顶端间宽有3指者为高产型。此法不适用于老鹑。

(2)雄鹑要求：叫声洪亮、稍长而连续者。体壮胸宽，体重为100～130 g，精包充盈，抓起来观察，肛门呈深红色而且隆起，手按则出现白色泡沫，说明已经发情，有交配能力。雄性种鹑的爪必须能完全伸开，否则交配时即便能爬跨到雌鹑背上，也会滑下来，不能进行有效的交配。

（二）鹌鹑的选配

鹌鹑选配的方法有品质选配和亲缘选配。

(1)品质选配

品质选配只是考虑公母鹑的品质，它分为同质选配和异质选配。同质选配是选择有相似特性的种公鹑和种母鹑交配，以期加强和提高双亲原有的优良品。异质选配是选择有不同优点的种公鹑和种母鹑交配，使双亲的优良品质能结合起来遗传给后代，或克服某一亲代的缺点，以提高生产性能。

(2)亲缘选配

亲缘选配有近亲、非近亲选配及杂交。近亲选配是指血缘关系极近的兄妹、父女、母子或表兄妹之间的交配。这种选配方法只能在培育纯系时使用，一般生产场不宜使用，因为近交所产生的后代，其生活力、体重以及繁殖能力往往会降低。非近亲选配，即不是同一个父代的后代之间的交配。杂交，就是不同品种的公母鹌鹑的交配，这种方法可在生产场使用。

(三)种鹌鹑的饲养管理

1. 日常饲养管理

种鹌鹑的日常管理在光照、饮水、通风等方面与蛋鹌鹑近似，饲料要保证营养，尽量有利于提高受精率、孵化率，提高维生素用量，减少影响孵化的饲料原料。种鹌鹑笼要高于蛋鹌鹑笼，达到25 cm左右，方便进行交配。

2. 配种日龄与利用年限

鹌鹑的配种日龄直接影响后代的生活力，达到最佳产蛋水平以后，随着日龄的增长，其产蛋率和蛋的受精率都会降低。雄鹑一般在80～90日龄配种，雌鹑则在开产后10～15日(50～60日龄)配种。种鹌鹑的利用年限因品种的不同而不同。一般来讲，肉鹑的使用年限较蛋鹑短，蛋鹑一般不超过1年，肉鹑一般不超过9个月。在饲养管理水平高、生产性能好时，可适当延长使用时间，反之，则要缩短使用时间。

3. 雄雌配比

雄、雌配偶比例是保证种卵受精率的关键措施之一。若雄鹑数量不足，则卵的受精率下降，雄鹑饲养太多，又会增加不必要的开支，相应提高生产成本。所以鹑群中雄雌配备要有适宜的比例，一般以1:2或1:3为宜，最大比例不超过1:5 。通常以雄种鹌鹑2～3只和雌种鹌鹑6～8只为一群，雌鹑产出的卵孵化率最高。

4. 交配时期与交配技术

鹌鹑在早晨和晚上性欲最旺盛，交配后受精率也最高，因此，交配多在这两个时间进行，也可以在雌鹑产卵后20～30 min内进行。单笼饲养的，可每天早、晚将雄鹑放入雌鹑笼内交配。

在交配季节里，每只雄鹑每天利用次数不宜过多，次数过多会影响种蛋的受精率。自然交配种蛋受精率达90%以上。交配前，雌、雄种鹑最好事先互相熟悉并且固定交配，不可换来换去，否则不易受精。为了方便交配，也可以单设交配笼，交配时按雄雌配比，令其在交配笼内进行。单笼饲养进行交配时，可将单笼饲养的雄鹑捉出，放入雌鹑笼内，雄鹑即会自行交配，交配后再捉出，仍放入原笼饲养，以免浪费雄鹑精力和引起母鹑反感。

参考文献

[1] 张沅.家畜育种学[M].北京:中国农业出版社,2001.

[2] 李宁.动物遗传学(第2版)[M].北京:中国农业出版社,2003.

[3] 刘文忠,徐银学.动物育种学实验教程[M].北京:中国农业大学出版社,2007.

[4] 李碧春,徐银学.动物遗传学实验教程[M].北京:中国农业大学出版社,2005.

[5] 内蒙古农牧学院.家畜育种学(第2版)[M].北京:中国农业出版社,1989.

[6] 李雅娟.水产动物遗传育种学实验指导[M].中国农业科学技术出版社,2012.

[7] 盛志廉,陈瑶生. 数量遗传学[M].北京:科学出版社,1999.

[8] 昝林森.牛生产学(第2版)[M].北京:中国农业出版社,2007.

[9] 李雅轩,赵昕.遗传学综合实验(第2版)[M].北京:科学出版社,2010.

[10] 国家畜禽遗传资源委员会.中国畜禽遗传资源志·猪志[M].北京:中国农业出版社,2011.

[11] 国家畜禽遗传资源委员会.中国畜禽遗传资源志·牛志[M].北京:中国农业出版社,2011.

[12] 葛如陵,王育秀.人体一些单基因性状遗传分析[J].生物学通报,1994,29(11):3~5.

[13] 宋东亮,李嘉.鹌鹑伴性羽色用于遗传实验教学的方法研究[J].周口师范学院学报,2003,20(5):112~114.

[14] 陈伟生.畜禽遗传资源调查技术手册[M].北京:中国农业出版社,2005.